高分散纳米催化剂制备及光催化应用

荆洁颖　著

北　京

冶金工业出版社

2017

内 容 提 要

本书系统地介绍了高分散纳米催化剂设计的原理及其在光催化领域的应用。具体内容以高活性水分散性良好的纳米二氧化钛光催化剂设计制备、结构与性能研究为基础，以其光催化降解喹啉的反应为应用平台，将催化剂的制备方法、物化性能及催化反应性能关联起来，探讨了纳米二氧化钛光催化剂的物化特性与其相应的光催化特性、喹啉的光催化降解途径和方式。相关研究结果为构建高活性高分散纳米催化剂提供了实验和理论依据。

本书可供从事光催化或相关领域的科研人员及大、中专院校相关专业师生使用和参考。

图书在版编目（CIP）数据

高分散纳米催化剂制备及光催化应用/荆洁颖著. —北京：
冶金工业出版社，2017.9
ISBN 978-7-5024-7601-4

Ⅰ.①高…　Ⅱ.①荆…　Ⅲ.①纳米材料—催化剂—材料
制备—研究　②纳米材料—光催化—研究　Ⅳ.①TB383
②TQ426

中国版本图书馆 CIP 数据核字（2017）第 231897 号

出 版 人　谭学余
地　　址　北京市东城区嵩祝院北巷 39 号　邮编　100009　电话　(010)64027926
网　　址　www.cnmip.com.cn　电子信箱　yjcbs@cnmip.com.cn
责任编辑　夏小雪　美术编辑　吕欣童　版式设计　孙跃红
责任校对　郑　娟　责任印制　李玉山
ISBN 978-7-5024-7601-4
冶金工业出版社出版发行；各地新华书店经销；北京建宏印刷有限公司印刷
2017 年 9 月第 1 版，2017 年 9 月第 1 次印刷
169mm×239mm；8.75 印张；170 千字；130 页
39.00 元
冶金工业出版社　投稿电话　(010)64027932　投稿信箱　tougao@cnmip.com.cn
冶金工业出版社营销中心　电话　(010)64044283　传真　(010)64027893
冶金书店　地址　北京市东四西大街 46 号(100010)　电话　(010)65289081(兼传真)
冶金工业出版社天猫旗舰店　yjgycbs.tmall.com
（本书如有印装质量问题，本社营销中心负责退换）

前　言

　　有机难降解污染物引起的环境污染问题已成为 21 世纪影响人类生存和健康的重大问题。这些污染物毒性强、难降解，即使在低浓度下也会对动物和人类产生致癌、致畸、致突变作用。光催化氧化技术可在常温常压下通过氧化还原反应将有机难降解污染物彻底氧化成 H_2O，CO_2 和无机盐类。相比于目前常用的生物法和物化法等降解技术，纳米二氧化钛光催化氧化技术因其所用纳米二氧化钛具有氧化性强、耐酸碱性好、化学性质稳定、对生物无毒、来源丰富等优点在处理难降解有机物方面受到广泛重视。然而，由于纳米二氧化钛颗粒细微，在光催化过程中易失活、分散不均匀、易团聚、难以分离回收；以及锐钛矿型二氧化钛是宽禁带半导体，仅能响应短波长的紫外光，以太阳光做光源时，在室外只能吸收太阳光中不到 5% 的紫外光部分，能源利用效率低，光催化的过程以人工紫外光为主，技术适应性差、成本高，在工业应用过程中受到了很大限制。另外，当前纳米二氧化钛颗粒的制备存在生产中纳米颗粒难以很好的分散，针对各种应用的表面修饰和改性技术还不十分完善的问题。因此，提高纳米二氧化钛的光催化活性、增强其在水溶液中的分散性和稳定性、解决纳米颗粒分离回收的问题，并实现纳米二氧化钛的高可见光催化活性是二氧化钛光催化氧化技术工业化应用过程中最具挑战性的课题。

　　为了及时总结高分散纳米催化剂制备以及改性方面的最新研究成果，加强该领域科研工作者的交流，作者参考国内外相关文献，同时主要结合自身近 8 年在催化剂研制方面的工作实践，编著了这本《高分散纳米催化剂制备及光催化应用》。本书以高活性、高水分散纳米二氧化钛光催化剂的设计、制备及结构与性能研究为基础，以降解氮杂环化合物喹啉的反应为应用平台，研究了纳米二氧化钛光催化剂的物化特性与其相应的光催化特性、喹啉光催化降解的途径和方式。本书为高分散纳米催化剂的制备提供了理论指导，为具有结构稳定、毒性大、浓度低等特点的难生物降解有机物的处理提供了参考依据。

本书共分 7 章：第 1 章介绍了纳米催化剂的制备现状及其光催化应用领域、基本原理及影响因素；第 2 章介绍了纳米催化剂团聚的原因及分散的基本原理和方法；第 3 章介绍了纳米二氧化钛光催化剂的高温制备方法及其光催化降解喹啉的可行性；第 4 章介绍了高水分散纳米二氧化钛的制备，并考察了水分散纳米二氧化钛光催化降解喹啉的机理；第 5 章介绍了高分散磁性纳米四氧化三铁的可控制备；第 6 章介绍了水分散磁载二氧化钛光催化剂的制备及催化性能；第 7 章介绍了水分散可见光响应二氧化钛光催化剂的制备及催化性能。

本书参阅了大量国内外文献资料，特别是近几年的最新研究进展，结合作者本人的研究成果写成此书，在此对相关著作和文献的作者表示感谢。作者在求学和工作期间，得到了李文英教授、冯杰教授和于伟泳教授的大力支持，在此表示由衷的感谢。同时向在本书编写、出版过程中给予帮助和支持的所有人员表示谢意。

本书的出版要感谢国家自然科学基金青年科学基金项目（21406155），山西省留学回国人员科技活动项目择优资助经费（144010101 - S），山西省高等学校优秀青年学术带头人项目

（2016），山西省回国留学人员科研资助项目（2016-028）以及太原理工大学对作者科学研究的立项资助；感谢冶金工业出版社对本书的支持和付出。

　　由于作者知识有限，书中不足之处在所难免，真诚希望读者不吝指正，作者将不胜感激。

荆洁颖

2017 年 5 月于太原理工大学

目　录

1 绪　　论

1.1　难降解有机污染物概述

1.1.1　难降解有机污染物来源及危害

随着经济的快速发展和工业化进程的加快，有机污染物的排放量日益增多，这些有机污染物大量进入环境，导致水体、土壤和大气中有机物的浓度升高，从而造成污染。目前，我国环境污染问题主要体现在以下几个方面：（1）以有机污染物为特征的地表水和土壤污染，主要污染物来源于化工、石化、制革、制药、造纸、纺织等行业排放的高浓度有机废水以及大量未经处理的市政生活污水；（2）以烟尘和二氧化硫为主要污染物的大气污染，污染物主要来源于火力发电、钢铁、化工等行业的工业生产；（3）以甲醛、苯系物、氨等为主要污染物的室内空气污染，这主要是因为人们为追求房间的美观而滥用含各种有害化学物质的建筑材料所导致。在这些有机污染物中，有一部分有机污染物难于降解，具有生物累积性、生物放大性和致癌、致畸、致突变作用，一旦进入水体、土壤和大气环境，将严重威胁水生生态系统、土壤生态系统和大气生态系统的安全性，甚至威胁饮用水的安全性，污染食物链；若达到一定浓度，就会给环境中的生物和人类自身带来灾难性的后果。因此，保护环境、控制污染、实现可持续发展是全人类的共同愿望。

1.1.2　喹啉类含氮杂环有机物来源及危害

近年来，环境中含氮杂环有机物对公众健康的影响受到了人们的广泛关注。喹啉及其衍生物是一类典型的含氮杂环有机物，不仅在生物化学和药学中占有重要地位，而且还广泛应用于化学化工、染料、橡胶及制药行业。喹啉类含氮杂环有机物广泛使用可能是因为：与相应的脂肪族或芳香族化合物相比，喹啉类含氮杂环化合物不易受到代谢过程的破坏。这一性质决定了它属于污染面广、毒性较大的一类难降解有机物，其广泛存在于多种工业废水中，如焦化废水、造纸废水、染料废水、橡胶废水、制药废水等。据报道，喹啉已成为水和土壤的污染源，在某些木材储存和化石燃料区域的土壤和地下水中喹啉浓度可达 10mg/L。除地下水外，已经证实喹啉及其衍生物还存在于烟草烟雾、城市空气、含水层沉积物、海水和鱼的组织中。喹啉及其衍生物进入环境后会影响动植物的生长发育，具有致癌、致畸、致突变性，而且很容易在环境中逐步富集，对环境产生很大的威胁。

1.1.3　喹啉类含氮杂环有机物结构特点

喹啉类含氮杂环有机物主要是指喹啉、异喹啉及其衍生物（如 2-甲基喹啉），它们都是苯环与吡啶环稠合而成的有机物，其结构如图 1-1 所示。

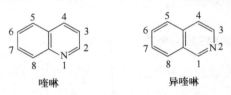

图 1-1　喹啉和异喹啉结构示意图

喹啉是苯并吡啶，由于吡啶环上氮原子的电负性大于碳原子，使得喹啉吡啶环部分电子云密度相对比苯环部分电子云密度小，因此，通常情况下，亲电取代反应总是优先发生在苯环部分的碳原子上，亲核反应发生在吡啶环上。异喹啉可发生亲电取代反应，一般以 5 位取代产物为主，而亲核取代反应则主要在 1 位上，大致与喹啉相似。

1.1.4　喹啉类含氮杂环有机物降解现状

含氮杂环有机物降解过程中，杂环的破裂是降解的限速步骤，一旦环开裂，即可参与正常的代谢途径，有机物很快被降解。含氮杂环化合物的氧化通过氧从有机物分子中获得电子来进行。对于单杂环化合物，影响其生物降解性能的主要因素是共轭分子环上的电荷特性，因此，具有"超 π 电子结构"的杂环化合物（如呋喃、噻吩等）表现出较好的生物降解性能，而具有"缺 π 电子结构"的杂环化合物（如吡啶等）则难以生物降解。对于与苯环稠合后的杂环化合物，首先，有机物分子的空间体积增大，使得物质难以接近酶的活性中心，增加了生物降解反应的空间位阻效应；其次与苯环稠合后的物质（以吲哚为例）结构是这样的：由整个分子的杂环部分与苯环部分提供的 10 个 π 电子形成闭合的环状共轭体系（即大 π 键），该共轭体系中的 10 个 π 电子在由闭合环状共轭体系组成的分子轨道中运行，其电荷密度低于原母体化合物，这样就使生物氧化还原酶的亲电子攻击受阻；最后，与苯环稠合后的杂环化合物疏水性增加，使物质难于接近亲水性酶分子表面。

与脂肪族和芳香族化合物相比，杂环化合物不易受到代谢过程的破坏，这一性质决定了杂环化合物是属于污染面广、毒性较大的一类难降解有机物。大量文献表明，喹啉类含氮杂环有机物可被微生物降解，研究人员已分离并鉴定出大量可降解喹啉及其衍生物的降解菌（如：Pseudomonas，Rhodococcus sp. QL2）；从目前发展趋势看，喹啉类含氮杂环有机物的生物降解研究主要集中在好氧降解、厌氧降解、缺氧降解和共基质降解。有关喹啉及其衍生物的微生物降解途径及其降解动力学的研究也在深入，为喹啉类含氮杂环有机物的降解研究提供了科学依据。现今喹啉类含氮杂环有机物的微生物降解主要以实验室研究为主，一些学者试图通过高效菌株的筛选强化对喹啉类含氮杂环有机物降解，但这些方法比较耗时、耐冲击负荷也不强，而且喹啉的初级代谢产物——2-羟基喹啉还可能成为整个降解过程的限制步骤。

除了生物法，一些物化方法如活性炭吸附法、膜过滤法、离子交换树脂法和化学混凝法等也用来进行喹啉类含氮杂环有机物的降解研究，但这些方法只是将喹啉类含氮杂环有机物从一相转移到了另一相，并未将其从环境中彻底消除，而且处理过程中产生了大量的固体废弃物，需要进行额外处理，增加了成本。

近年来，高级氧化技术如光催化氧化技术、UV/O_3 技术、H_2O_2 氧化技术、电催化氧化技术、湿式氧化法、超临界水分解技术等均被用来降解喹啉类含氮杂环有机物。其中，纳米二氧化钛（TiO_2）光催化氧化技术因其在常温常压下可将一些毒性大、生物难降解的有机污染物彻底氧化成 H_2O、CO_2 等小分子而引起了人们的普遍关注。一些研究学者将 TiO_2 光催化氧化技术用于喹啉及其衍生物的降解研究，Cermenati 和 Pichat 课题组采用商业化产品 Degassa P25 TiO_2 为光催化剂，喹啉及卤代喹啉等为探针，考察了在过氧化氢（H_2O_2）、臭氧（O_3）等不同氧化剂参与下喹啉的光催化降解途径并监测了光催化降解过程中所涉及的活性自由基物种[1,2]；王嘉等人采用微波辐射光催化降解喹啉，该方法可有效去除喹啉而且能耗低，但是过程中会产生一些有害的光化学产物，造成二次污染[3]。目前对于喹啉 TiO_2 光催化降解的研究，主要集中在采用商业化产品 Degassa P25 对光催化降解过程中环境条件因素影响、工艺水平改进及相关动力学的研究，对催化剂自身特性对光催化活性的研究较少涉及。而在 TiO_2 光催化氧化技术中，TiO_2 光催化剂是光催化过程的关键部分，TiO_2 光催化剂的活性是光催化氧化技术能否得到实际应用的一个决定因素。对 TiO_2 光催化氧化技术的核心光催化剂研究的欠缺，使得工艺水平的进一步提高尤其是催化剂活性的提高缺乏理论上的指导。因此，加强基础理论研究，在理论研究的指导下进一步改进催化剂活性，对于推进 TiO_2 光催化氧化技术的工业化应用具有重要的意义。

1.2 纳米二氧化钛光催化应用

纳米二氧化钛（TiO_2）具有氧化性强、耐酸碱性好、化学性质稳定、对生物无毒、来源丰富等优点，成为当前最具应用潜力的一种光催化材料[4~8]。目前已用于水处理[9~15]、环境有害气体净化[16~20]、抗菌材料[21~23]、自清洁技术[24~26]、光催化分解水制氢[27,28]、涂料化妆品食品行业[29~31]以及染料敏化太阳能电池[32,33]等诸多领域。随着环境污染问题及能源危机的加剧，纳米 TiO_2 光催化氧化技术在环境与能源领域的应用成为目前研究的热点。

1.2.1 环境光催化

1.2.1.1 光催化降解有机污染物

在光照条件下，纳米 TiO_2 会产生光生电子-空穴对，光生电子具有很强的还原性，光生空穴具有很强的氧化性。利用纳米 TiO_2 在光激发下产生的光生电子和空穴可共同参与污染物的光催化氧化降解反应，可将纳米 TiO_2 用于污水处理、环境有害气体净化及抗菌除臭等领域。相比于目前常用的生物法和物化法等降解技术[34~37]，纳米 TiO_2 光催化氧化技术因其所用纳米 TiO_2 具有氧化性强、耐酸碱性好、化学性质稳定等优点，在处理难降解有机物方面受到了广泛重视。现今，研究者已发现有 3000 多种难降解有机化合物可在紫外光照射下通过 TiO_2 迅速降解，尤其是在水中或空气中有机污染物浓度较低或用其他方法难降解时，该技术的优势就更加突显。纳米 TiO_2 光催化氧化技术也可用于无机污染物的处理，如氰化物、H_2S 及重金属离子污染物等。此外，纳米 TiO_2 不仅可对细菌产生光化学氧化作用使生物体中辅酶的活性降低，最终导致细菌死亡，而且能够降解细菌死亡后产生的有毒复合物。在医院、家居、卫生间等需要空气净化的场合安放纳米 TiO_2 均能起到净化环境的作用。

1.2.1.2 光催化自清洁材料

利用纳米 TiO_2 在光激发下产生的光生空穴迁移至表面可产生"光诱导超亲水"现象，可将纳米 TiO_2 用于自洁净功能化表面和防雾功能化表面的设计[24~26]。通常，暴露在室外的物体表面（如瓷砖、玻璃等）会吸附空气中的有机污染物形成有机污垢，该污垢不能像灰尘一样被雨水冲掉，只能通过人工刷洗才能除去。自清洁功能化表面的设计能够很好地解决上述缺陷，通过在不同物体表面涂覆纳米 TiO_2，利用太阳光、自然光中的弱紫外或人工紫外光源，即可保持物体表面清洁，节省维护和清洁费用；而且自然雨水的冲刷会显著增强自洁净功能化表面的自洁净作用，这是因为自然雨水可以深入污渍和超亲水纳米 TiO_2 表面之间将污渍冲刷去除，因此自洁净功能化表面特别适用于室外建筑材料，如瓷砖、玻璃、帐篷及水泥材料等。另外，由于水在普通物体表面上的接触角很大，在冷却的潮湿空气中由于水滴不能完全铺展开会在玻璃表面形成雾化水滴，从而影响物体表面的可见度和反光度，如后视镜、交通工具挡风玻璃、眼镜镜片和浴室的镜子。采用纳米 TiO_2 薄膜表面的光诱导亲水性可开发防雾镜子，在物体表面

涂覆一层纳米 TiO_2，当空气中的水分或蒸气凝结时，冷凝水会形成均匀的水膜，避免了在物体表面形成光散射的雾，也不会形成影响视线的分散水滴。物体表面可维持高度透明性，可确保广阔的视野和能见度，保证车辆及交通的安全。防雾功能还被用于医学内窥镜的防雾和空调设备的传热中。

1.2.2 能源光催化

利用纳米 TiO_2 在光激发下产生的光生电子可与水或氢氧根离子（OH^-）反应，可将纳米 TiO_2 用于光催化分解水制氢用以生产代替化石能源的氢气。自从 Fujishima 和 Honda 在 1972 年发现光照 TiO_2 电极可分解水并产生氢气这一现象[38]，科学界在 TiO_2 的性能及应用方面进行了大量的研究。近年来，研究者对纳米 TiO_2 光催化分解水制氢的研究已达到一个前所未有的实验及理论高度。通过对纳米 TiO_2 进行金属掺杂、半导体复合等修饰，设计制备了一系列光解水催化剂，实现了纳米 TiO_2 在水蒸气、纯水及含有牺牲剂的水溶液中等条件下的光催化分解水[39~43]。

1.3 纳米二氧化钛光催化降解有机物

1.3.1 纳米二氧化钛光催化降解有机物基本原理

TiO_2 在光照条件下能够引发氧化还原反应，对锐钛矿型纳米 TiO_2 而言，其禁带宽度 E_g 为 3.2eV，当以波长小于或等于 387.5nm 的光照射纳米 TiO_2 时，纳米 TiO_2 中电子被激发到导带，在价带上留下空穴，产生光生电子-空穴对，对有机物进行氧化还原反应，氧化还原能力的强弱取决于导带电位与水的还原电位之差，其值越负还原能力越大，即导带电位越负，还原能力越强；导带电位越正，氧化能力越强，氧化还原的快慢取决于空穴与电子的转移速率。纳米 TiO_2 光催化氧化降解有机物的过程可表示为如下反应式：

$$有机污染物 \xrightarrow[h\nu \geq E_g]{TiO_2,O_2} 中间产物 \longrightarrow CO_2 + H_2O + 无机盐类 \tag{1-1}$$

当纳米 TiO_2 光催化剂上存在合适的俘获剂或表面缺陷时，光生载流子的的重新复合得到抑制，在它们复合之前会在纳米 TiO_2 表面发生氧化还原反应。价带空穴（h^+）是良好的氧化剂（+1.0~3.5V），可夺取纳米 TiO_2 表面有机物或溶剂中的电子，使大多数有机物迅速被氧化而得到降解，同时将水分子氧化成羟基自由基（·OH）；而导带电子（e^-）是良好的还原剂（+0.5~1.5V），可将溶解氧还原成超氧自由基（·O_2^-）、氢过氧自由基（·HO_2）和双氧水（H_2O_2）[44~51]。图 1-2 给出了纳米 TiO_2 光催化降解有机物的基本过程[52]，主要包括光生载流子的生成、光生载流子的俘获、光生载流子的复合及界面电荷转移。纳米 TiO_2 光催化降解效率取决于以下两个过程：（1）光生载流子复合和俘获间的竞争（皮秒到纳秒）；（2）被俘获光生载流子的复合和界面电荷转移之间的竞争（微秒到毫秒）。

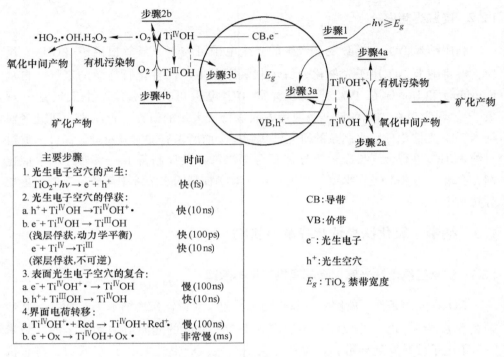

图 1-2 纳米 TiO_2 光催化降解有机物基本过程示意图

1.3.2 纳米二氧化钛光催化降解有机物反应机理动力学研究现状

TiO_2 光催化降解有机物的机理非常复杂，主要包括 TiO_2 吸收紫外光而激发、活性自由基物种的产生和有机物降解三个阶段。

国内外许多研究人员对紫外光激发下 TiO_2 光催化降解有机污染物（如苯酚、硝基苯、吡啶、硝基酚）的机理进行了研究，普遍认为有机物降解的初始步骤一般是通过价带空穴（h^+）直接氧化或表面羟基自由基（·OH）间接氧化进行，但究竟何种活性自由基物种起主要作用一直存在争议。Carrway 等人[53]在实验中发现甲酸、乙酸和乙醛酸可被 h^+ 直接氧化；Mao 等人[54]证实了氯乙烷的降解限速步骤是·OH 对 C-H 键的攻击过程；Goldstein 等人[55]比较了苯酚在不同实验条件下的降解情况，发现苯酚浓度较低时，苯酚降解以·OH 间接氧化为主，而苯酚浓度较高时，则以 h^+ 直接氧化为主；Assabance 等人[56]对 1，2，4-三羧基安息香酸的光催化降解研究结果认为·OH和h^+的作用是一个互相竞争的过程。与此同时，许多研究人员通过实验手段证明了TiO_2光催化氧化降解有机物过程中活性自由基物种的存在，如Jaeger等人[57]利用电子自旋共振技术（Electron Paramagnetic Resonance Spectroscopy，EPR）证明了·OH的存在；Bielski等人[58]利用脉冲光解技术证明了·O_2，·HO_2的存在；Tanaka[59]则证明了H_2O_2的存在。可见，不同研究者所得到的实验结果差异较大。当实验操作条件改变时，起主要作用的活性自由基物种可能不止一个，这与操作参数、有机污染物种类及其浓度等具体实验条件有关。因此，对于不同光催化体系，哪种活性自由基物种在光催化过程中占主要地位应视具体情况而定。图1-3给出了各种活性自由基物种的产生途径及其与有机物相互作用的简单示意图[52]。

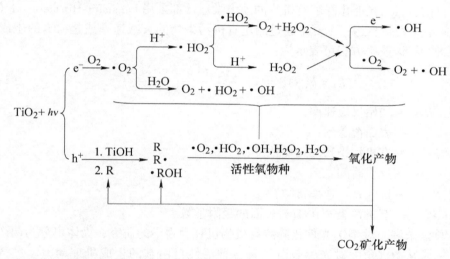

图1-3 纳米TiO_2光催化氧化降解有机物过程中活性自由基与有机物的反应

另一方面，有机物的初始光催化氧化降解究竟发生在TiO_2表面还是溶液体系中仍存在争议。如果光催化反应发生在TiO_2表面，则光催化过程通过如下途径进行：（1）有机污染物从溶液中迁移至TiO_2表面；（2）有机污染物从TiO_2表面迁移至TiO_2表面催化活性位点；（3）在催化活性位点进行光催化氧化还原反应；（4）反应产物从TiO_2表面扩散至溶液中。若光催化反应发生在溶液体系中，则有机物通过如下途径被降解：（1）活性自由基物种从TiO_2表面扩散至溶液体系中；（2）在溶液中进行反应。有机物在TiO_2表面的吸附通常被认为是其被降解的先决条件，但Turchi等人在实验研究中发现虽然有机污染物在TiO_2表面的吸附能增加光催化降解速率，但这并不是光催化反应发生的必需条件，因为活性自由基物种（如：·OH，h^+，·O_2，·HO_2，H_2O_2和O_2）可以迁移至溶液中与有机污染物进行反应[49,60]。然而由于这些自由基物种的反应活性很高，它们不可能扩散很远，所以光催化降解反应发生在与 TiO_2 表面距离较近的溶液体系中[61]。因此，我们可以认为有机物的光催化降解或许不仅可以发生在 TiO_2 表面而且也可发生在距离 TiO_2 表面较近的溶液体系中。

国内外研究学者对 TiO_2 光催化降解有机物的动力学研究进行了大量的工作。2010 年 Friedmann 综述了光催化氧化降解有机物反应中影响光催化机理和动力学的各种参数，包括催化剂自身（如表面组成、表面积、制备方法和用量等）、溶液 pH、有机物浓度、溶剂、氧气分压等[62]。然而，对于给定的某一动力学参数，有时很难去确定其具体的作用及影响，主要是因为有些参数是相互影响的。例如，催化剂在溶液中的团聚可能是催化剂本身的原因，但其同时受到溶液 pH 值的影响，而催化剂的团聚程度又会影响有机污染物在 TiO_2 表面的吸附。

目前，TiO_2 光催化降解有机物的动力学通常都采用 Langmuir-Hinshelwood（L-H）速率方程来表达，主要是通过测定有机污染物的衰减速率或是 CO_2 的生成速率来进行。该速率方程可表示为：

$$R_i = k(S)\theta = -\frac{[S_i]}{dt} = \frac{k(S)K(S)[S_i]}{1 + K(S)[S_i]} \tag{1-2}$$

式中 R_i——初始反应速率；

θ——表面覆盖率；

$[S_i]$——有机污染物的初始浓度；

t——反应时间；

$K(S)$——Langmuir 速率常数；

$k(S)$——有机污染物在 TiO_2 表面的吸附常数。

总体来讲，对 TiO_2 光催化降解有机物机理动力学的研究，大体可分为两个方面：一是从微观角度对光生载流子及各种活性自由基的生成机理动力学进行研究；一是从宏观角度对影响 TiO_2 光催化效率的各种参数进行研究。但因 TiO_2 光催化氧化降解有机物过程的复杂性，各种有关 TiO_2 光催化降解有机物的机理动力学研究工作仍在进行。

1.4 纳米二氧化钛光催化降解含氮有机物催化活性影响因素

影响 TiO_2 光催化剂活性的因素大体可分为三个方面，即 TiO_2 自身特性的影响（如 TiO_2 晶型结构、颗粒尺寸等），目标降解有机物性质的影响（主要影响有机物的降解途径），光催化降解时操作条件的影响（如光强、有机物初始浓度、TiO_2 用量、pH 值等）[52,63~70]。

1.4.1 二氧化钛自身性质的影响

由于原子排列位置不同，TiO_2 有三种晶型结构，即锐钛矿型、金红石型和板钛矿型。其中，板钛矿型 TiO_2 不稳定无工业应用价值，用作光催化剂的主要是锐钛矿型和金红石型 TiO_2。锐钛矿型和金红石型两种晶型结构均可由相互连接的 $[TiO_6]$ 八面体表示，二者的差别在于八面体的畸变程度和八面体间相互连接的方式不同。图 1-4 给出了锐钛矿型和金红石型 TiO_2 的晶型结构。在锐钛矿型 TiO_2 中，八面体单元通过共用边组成空间结构（实际可看成是一种四面体结构）；金红石型 TiO_2 中八面体通过共用顶点并且共用边来组成（可看作晶格稍有畸变的八面体结构）。这些结构上的差异导致锐钛矿型和金红石型 TiO_2 具有不同的电子能带结构及质量密度。锐钛矿型 TiO_2 的禁带宽度（3.2eV）略大于金红石型 TiO_2（3.0eV）；而锐钛矿型 TiO_2 的质量密度（3.90g/cm³）小于金红石型 TiO_2（4.27g/cm³）。

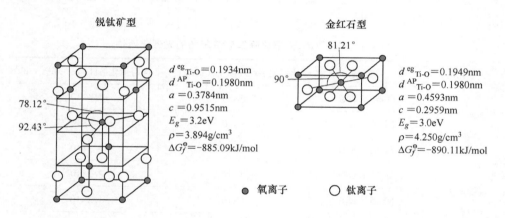

图 1-4　TiO_2 晶型结构示意图

TiO_2 晶型对光催化反应活性有很大影响。大量研究表明，锐钛矿型 TiO_2 的光催化活性比金红石型 TiO_2 高[9,71~81]。Sclafani 等人对金红石型和锐钛矿型 TiO_2 在水溶液和有机溶液中的光催化性能进行了系统研究[79]，结果表明锐钛矿型 TiO_2 在降解环己烷、2-丙醇、苯酚和硝基酚过程中均比金红石型 TiO_2 有更高的降解效率。这主要是因为与金红石型 TiO_2 相比，锐钛矿型 TiO_2 对 O_2（或 O_2^-、O^-）的吸附能力强，具有大的比表面积以及光生电子和空穴不易复合，从而催化活性较高。另一方面，纳米 TiO_2 的晶格缺陷也会影响到光催化反应速率。与晶化度高且具有稳定晶型结构形式的金红石型 TiO_2 相比，锐钛矿型 TiO_2 含有更多的缺陷和错位，从而产生较多的氧空位来俘获电子，光催化反应速率快。

一些研究学者发现商品化 Degussa P25（锐钛矿型 TiO_2 与金红石型 TiO_2 的混合物，其中，锐钛矿型 TiO_2 约75%，金红石型 TiO_2 约25%）比传统的锐钛矿型 TiO_2 有更高的催化活性。表 1-1 对比了 Degussa P25、锐钛矿型 TiO_2 和金红石型

TiO_2对硝基酚的光催化降解活性[79]。从表中可以看到，金红石型 TiO_2 的催化活性远低于锐钛矿型 TiO_2。在相同的反应条件下，Degussa P25 和锐钛矿型 TiO_2 具有相似的比催化活性（即单位质量催化剂单位时间内降解的有机物的量），但是锐钛矿型 TiO_2 的固有催化活性（即单位面积催化剂单位时间内降解的有机物的量）稍高于 Degussa P25。Hurum 等人通过 EPR 研究了可见光下 Degussa P25 的光催化活性，认为 Degussa P25 TiO_2 的高催化活性源于三方面的原因：（1）金红石型 TiO_2 窄的禁带宽度（3.0eV）增加了其在可见光范围内的活性；（2）在外界光源激发下，光生电子从金红石型 TiO_2 转移至锐钛矿型 TiO_2，光生电子-空穴对得到有效分离，二者的复合得到抑制；（3）少量金红石型 TiO_2（约25%）的存在加速了光生电子的转移，在金红石-锐钛矿的结界面处产生活性位点，图1-5给出了一个简单的示意图。

表 1-1　不同 TiO_2 光催化降解硝基苯酚的光催化活性

催化剂	有机物	比催化活性/mol·(h·g)$^{-1}$	固有催化活性/mol·h^{-1}·m^{-2}
商品化 P25 （50m^2/g）	邻-硝基苯酚	$3.5×10^{-4}$	$6.8×10^{-6}$
	间-硝基苯酚	$1.9×10^{-4}$	$3.8×10^{-6}$
	对-硝基苯酚	$2.6×10^{-4}$	$5.2×10^{-6}$
锐钛矿 TiO_2 （14m^2/g）	邻-硝基苯酚	$3.5×10^{-4}$	$2.3×10^{-5}$
	间-硝基苯酚	$1.8×10^{-4}$	$1.3×10^{-5}$
	对-硝基苯酚	$2.6×10^{-4}$	$1.7×10^{-5}$
金红石 TiO_2 （20 m^2/g）	邻-硝基苯酚	$<8.0×10^{-6}$①	$<4.0×10^{-7}$①
	间-硝基苯酚	$<8.0×10^{-6}$①	$<4.0×10^{-7}$①
	对-硝基苯酚	$<8.0×10^{-6}$①	$<4.0×10^{-7}$①

①低于检测限。

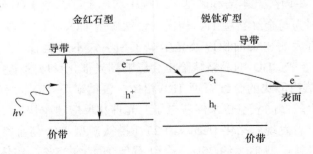

图 1-5　Degussa P25 高催化活性原因示意图

TiO_2 尺寸对光催化反应活性有很大影响。一般认为，TiO_2 光催化剂的活性与尺寸成反比[82~87]。有研究发现，在光催化反应中，存在最佳 TiO_2 尺寸使得光催化活性达到最大[88~95]。Almquist 等人在光催化氧化降解苯酚过程中发现 25~40nm 的 TiO_2 颗粒对苯酚的降解效率较高，认为这是光吸收和散射、界面电荷转移动力学及催化剂表面积相互竞争的结果[88]。Maira 等人发现在纳米尺度范围内，随着 TiO_2 粒径的减小，TiO_2 的结构和电子性能发生了改变，粒径越小，电子与空穴复合概率越小，光生电荷分离效果越好，同时纳米空间氧空位缺陷结构保证电子-空穴对不易复合，从而导致 7nm 的锐钛矿型 TiO_2 对三氯乙烯的光催化活性最高[91,95]。Gerischer 等人采用数学模型对 TiO_2 光催化降解有机物过程进行了理论计算，结果同样表明粒径大小对 TiO_2 的光催化活性有很大影响[93,96]，在计算中发现，随着粒径的减小，单位质量催化剂中的粒子数目多，比表面积大大增加，光吸收效率增高；另外，反应体系的比表面积大，有利于反应物的吸附，其强的吸附效应甚至允许光生载流子优先与吸附的物质进行反应，而不管体系中其他物质的氧化还原电位顺序。当 TiO_2 的粒径从 1000nm 减小至 10nm 时，TiO_2 光催化降解有机物的量子产率从 0.2 提高到 0.7[96]。Grela 等人建立了一个计算机随机模型预测量子产率的变化，发现当 TiO_2 粒径从 3nm 增至 21nm 时，TiO_2 光催化降解有机物的量子产率也随之增加，认为这是由于 21nm 的 TiO_2 比 3nm 的 TiO_2 在催化反应过程中具有稍低的载流子复合率[97]。在所有数学模型中，研究者假定光生电子和空穴在复合之前能够很快的迁移至 TiO_2 表面，并未考虑 TiO_2 颗粒内部光生电子-空穴复合对光催化活性的影响。

可见，在 TiO_2 光催化反应中，TiO_2 粒径减小使得颗粒禁带宽度增加，产生更大的氧化还原电位，提高量子产率和光催化反应的效率。然而过小的纳米粒子通常具有更多的晶体缺陷，这将增加光生电子-空穴复合的几率，从而导致催化活性降低。

综上所述，TiO_2 的晶型和尺寸对光催化活性影响很大。不同 TiO_2 晶型的表面吸附能力及其光生载流子的复合率不同，因此不同 TiO_2 晶型在光催化降解过程中具有不同的光催化活性。不同 TiO_2 尺寸对 TiO_2 的结构及其相应的光生电子-空穴复合能力产生影响。为了使 TiO_2 光催化剂具有高催化活性，在光催化过程中必须选择合适的 TiO_2 晶型和尺寸。

1.4.2 含氮有机物性质的影响

含杂原子有机污染物的 TiO_2 光催化氧化降解近年来受到了普遍关注。其中，含磷、氯、硫等杂原子的有机污染物在 TiO_2 光催化下很容易被氧化降解为无机盐离子 PO_4^{3-}，Cl^-，SO_4^{2-}。相比之下，含氮有机物的降解相对困难而且生成的无机盐离子种类繁多，会生成硝酸根（NO_3^-）、亚硝酸根（NO_2^-）、铵根（NH_4^+），有时甚至会有氮气（N_2）产生。TiO_2 光催化降解含氮有机物过程中 NO_3^- 和 NH_4^+ 的摩尔比（$[NO_3^-]/[NH_4^+]$）与含氮有机物自身性质和实验操作条件（如 pH 值、含氮有机化合物浓度、光照时间等）紧密相关[98~100]。因此，此处以含氮有机物的光催化降解为例说明有机物性质对光催化反应的影响。

一些学者对脂肪族含氮有机物［如丁酰胺（$CH_3CH_2CH_2CONH_2$）、甲醛肟（$CH_2{=}N{-}OH$）、甲酰胺（$HCONH_2$）、氨基甲肟（$HO{-}N{=}CH{-}NH_2$）、羟胺（$HO{-}NH_2$）、尿素（NH_2CONH_2）等］光催化降解过程中 NO_3^- 和 NH_4^+ 的生成量进行了研究[67,99,101]。对比这些报道的结果，不难发现：脂肪族含氮有机物分子中的羟基氮（如甲醛肟和羟胺）会优先转化为 NO_3^-，而伯胺和酰胺类氮（如丁酰胺和氨基甲肟）会优先转化为 NH_4^+。Waki 等人对肼类衍生物的光催化氧化过程进行了一系列实验和理论计算，进一步证实了上面的结论[68]。表 1-2 列出了肼类衍生物光催化氧化降解过程中间产物和生成产物的信息。从表中可以看到：在肼类衍生物中约 70% 以上的氮原子转化成了 N_2（主要来源于-N=N-的催化氧化），不到 10% 的氮原子转化为 NH_4^+，在所有被测脂肪族含氮有机物中基本没有检测到 NO_3^-。这些肼类衍生物中的碳原子则通过形成多种羧酸（如甲酸、乙酸、乙二酸等）而最终被氧化为 CO_2。采用前沿电子密度（Frontier Electron Density）和点电荷（Point Charge）的分子轨道模拟，Waki 等人对有机物在 TiO_2 表面的吸附位置和自由基进攻位置进行了估算[68]。计算结果表明：由于羧基中氧原子具有较高的点电荷，有机物一般通过羧基吸附在 TiO_2 表面。有机物的初始氧化过程通过活性自由基物种进攻羧基碳和邻近原子之间的键致使键断裂而进行，表 1-2 中不同肼类衍生物具有不同的 CO_2 生成率证明了这一计算结果。例如，N，N′-二（次联氨基羧基）酰肼（N，N′-bis（hydrazocarbonyl）hydrazide）和马来酰基二甲酰肼（Malonoyldihydrazide）的 CO_2 生成率低就是由于亚甲基基团的前沿电子密度低导致自由基进攻较为困难造成的。

芳香族含氮有机物中氮原子的初始氧化价态影响着有机物在光催化降解反应中的最终氧化产物。Pelizzetti 和其合作者研究了含氮苯类衍生物的光催化氧化过程，包括硝基苯、亚硝基苯、苯胺、4-亚硝基苯酚和苯基羟胺[100,102~106]。Low 等人对含氮有机物的降解进行了研究，在这些含氮有机物中，氮以硝酸盐氮、硝基氮或芳香环氮的形式存在[98]。从他们的实验结果中，我们发现 NH_4^+ 和 NO_3^- 是芳香族含氮有机物光催化降解最终得到的无机盐离子，而且 NH_4^+ 和 NO_3^- 的相对浓度与氮原子在有机化合物中的初始氧化价态有极大的关系。基于他们的实验结果，我们可以合理的推测 NH_4^+ 和 NO_3^- 通过氧化和还原这两种途径生成。当有机物中氮原子的初始氧化价态较高（如硝基苯）时，氮取代基发生还原反应最终生

表 1-2 肼类衍生物光催化氧化降解过程中间产物和最终生成物

有机物	分 子 结 构	4h后产物组成 /mmol·L^{-1}				检测到的中间产物
		N_2	CO_2	NH_4^+	NO_3^-	
草酰肼	$H_2N-NH-C(=O)-C(=O)-NH-NH_2$	1.64	1.20	0.37	0.01	甲酸 乙二酸
N,N′-二(次联氨基羰基)酰肼	$H_2N-NH-C(=O)-NH-NH-C(=O)-NH-NH_2$	1.50	0.53	0.25	0.02	甲酸
N,N′-二酯酰肼	$H_3C-H_2C-O-C(=O)-NH-NH-C(=O)-O-CH_2-CH_3$	0.58	2.42	0.01	0.001	甲酸 乙酸
马来酰基二甲酰肼	$H_2N-NH-C(=O)-CH_2-CH_2-C(=O)-NH-NH_2$	1.66	0.84	0.30	0	甲酸 丙二酸
N-酰基-N′-二酯酰肼	$H_3C-H_2C-O-C(=O)-NH-C(=O)-CH_2-CH_2-C(=O)-NH-NH-C(=O)-O-CH_2-CH_3$	0.75	1.74	0.03	0	甲酸 丙二酸 乙酸

成以 NH_4^+ 为主的无机盐离子（图 1-6a）；相反，如果氮原子存在于还原性很高的有机化合物（如苯胺）中，则氮取代基将发生氧化反应（图 1-6b）。在光催化降解的初期，有机化合物中氮原子的初始氧化状态决定了 $[NO_3^-]/[NH_4^+]$ 的摩尔比。

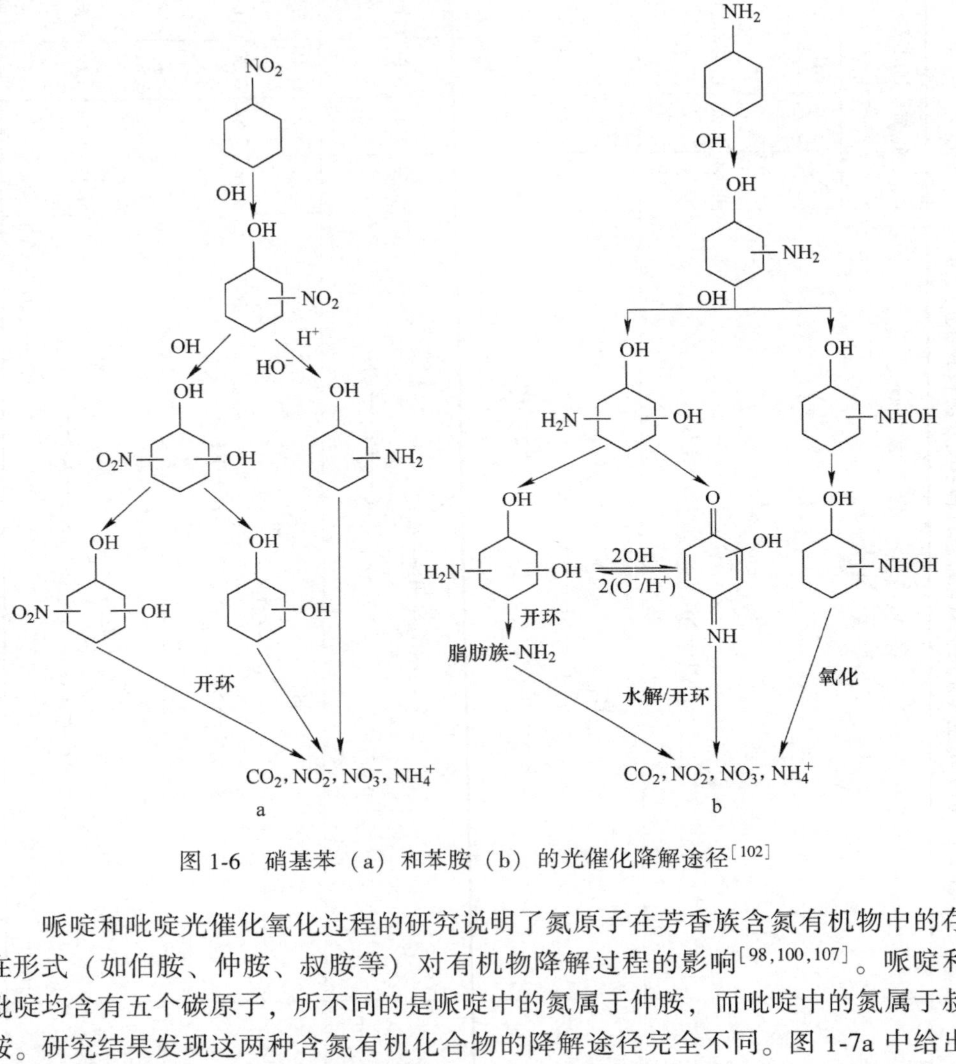

图 1-6 硝基苯（a）和苯胺（b）的光催化降解途径[102]

哌啶和吡啶光催化氧化过程的研究说明了氮原子在芳香族含氮有机物中的存在形式（如伯胺、仲胺、叔胺等）对有机物降解过程的影响[98,100,107]。哌啶和吡啶均含有五个碳原子，所不同的是哌啶中的氮属于仲胺，而吡啶中的氮属于叔胺。研究结果发现这两种含氮有机化合物的降解途径完全不同。图 1-7a 中给出了哌啶的降解途径。在哌啶光催化降解过程中，当空穴为主要活性自由基时，哌啶降解过程取决于环亚胺中间物的水解，一般认为先生成氨基醛类，然后氨基键断裂，生成氨。对于吡啶光催化降解而言，其降解机理不同于哌啶（图 1-7b）。吡啶降解过程类似于苯降解时芳香环的开裂过程[108]。反应通过羟基自由基的进攻而引发，生成 3-氢-3-羟基吡啶自由基，然后通过与氧气反应生成 2，3-二氢-2-过氧-3-羟基吡啶自由基，接着环开裂生成 N-甲酰亚氨基-2-丁烯醛，这些中间产物进一步在水中分解为二醛和甲酰胺。

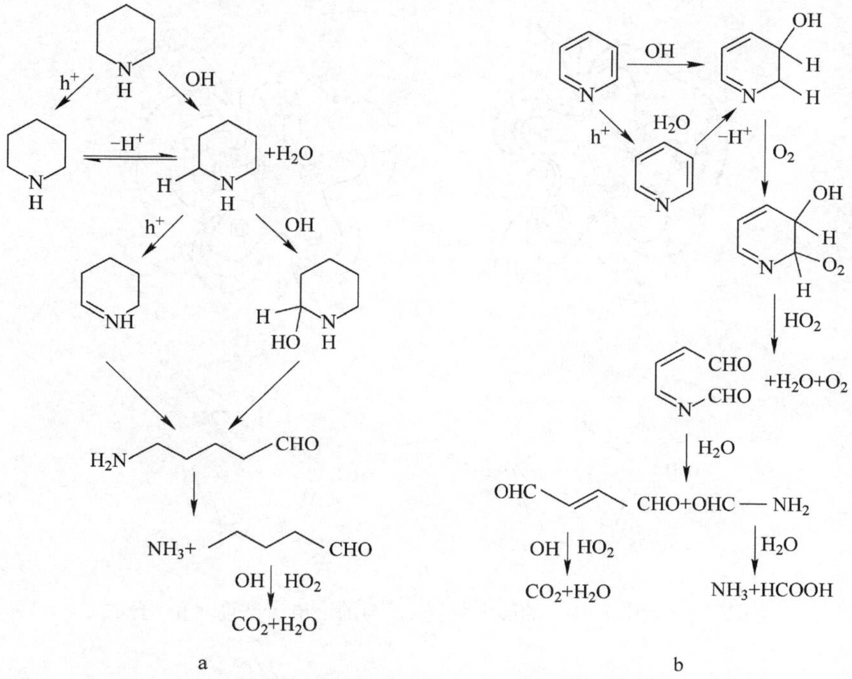

a   b

图 1-7 哌啶（a）和吡啶（b）降解机理[98]

结构相同但含有不同氮原子数目的含氮有机物降解途径也不一样。Nohara 等人研究了吡咯（含有一个氮原子）和咪唑（含有两个氮原子）的光催化降解途径[99,101]。采用静电势和前沿电子密度估算反应的活性位点。图 1-8 给出了吡咯和咪唑的静电势和前沿电子密度示意图。吡咯中的氮原子和咪唑中 1 位氮原子的周围被大量的正电势包围，而咪唑中 3 位氮原子周围的正电势要低（图 1-8a），在 3 位氮原子周围的负电势区域表明此处与质子无相互作用。有报道称在紫外光照射下由于水分子光解可产生 H[+]，从而使 TiO$_2$ 表面带正电荷[101]。因此，有机物电势最负的地方很容易通过静电作用到达 TiO$_2$ 表面。例如，咪唑在 TiO$_2$ 表面的吸附因 3 位氮原子的存在而会被加速。基于吡咯和咪唑的前沿电子密度（图 1-8b），羟基自由基可进攻吡咯的 2 位和 5 位碳原子，而咪唑会在 5 位碳原子处与羟基自由基发生反应。图 1-9 给出了咪唑的降解途径示意图。

Horikoshi 等人研究了邻二氮杂苯（pyridazine）、间二氮杂苯（pyrimidine）和对二氮杂苯（pyrazine）三种同分异构体的 TiO$_2$ 光催化降解过程，试图解释含氮有机物降解过程中氮原子位置对其光催化降解途径的影响[64]。研究结果发现，含有 N＝N 片段的杂环有机化合物（如邻二氮杂苯）在降解过程中会产生 N$_2$，而含有 C-N＝C 片段的杂环有机化合物会生成大量的 NH$_4^+$ 和少量的 NO$_3^-$。图 1-10 给

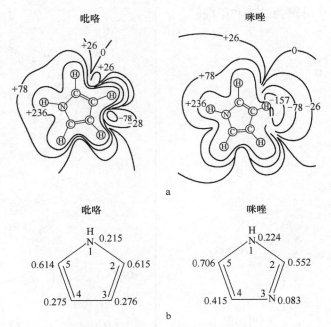

图 1-8　吡咯和咪唑的静电势（a）与前沿电子密度（b）分布

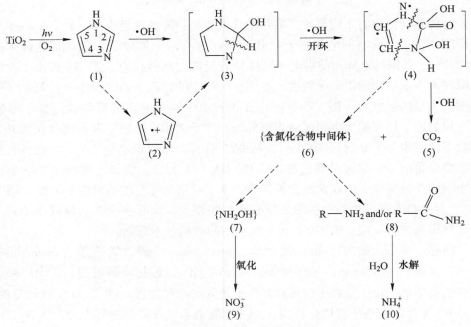

图 1-9　咪唑的降解反应机理[101]

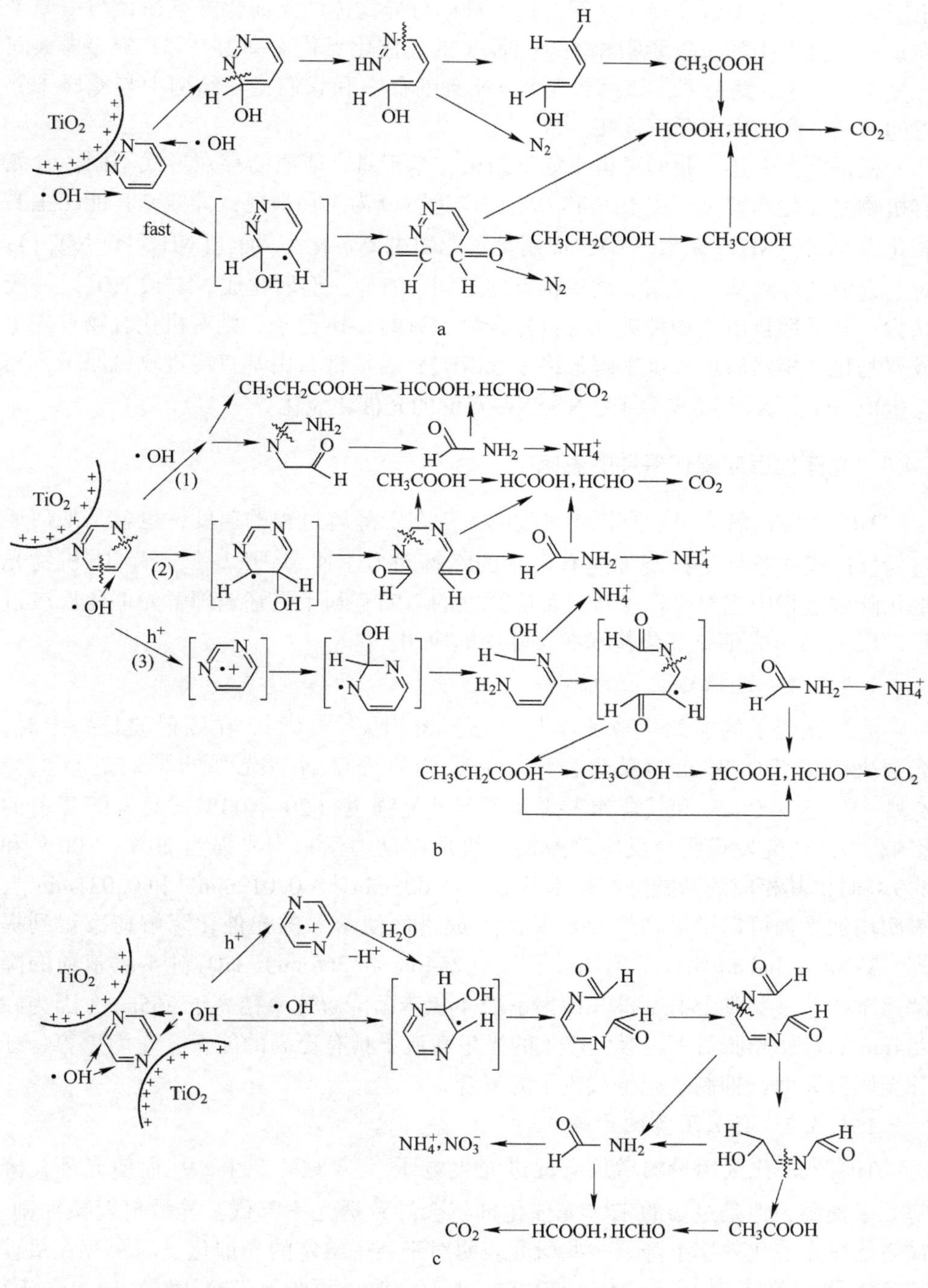

图 1-10 邻二氮杂苯（a）、间二氮杂苯（b）和对二氮杂苯（c）的 TiO₂ 光催化降解途径[64]

出了它们光催化降解途径示意图。这三种同分异构体的光催化降解途径与氮原子在杂环有机物中的位置紧密相关。氮原子的光催化氧化速率为：邻二氮杂苯≫间二氮杂苯>对二氮杂苯，该结果与 N＝N 键的存在和它们化学结构中与氮原子邻近的部分的高前沿电子密度相一致。

根据以上综述，我们可得出如下结论：基于氮官能团的存在形式不同，含氮有机物光催化降解过程中 NH_4^+ 和 NO_3^- 的产生可分为三种情况，即氨基官能团主要转化为 NH_4^+（$[NH_4^+] \gg [NO_3^-]$）；而硝基官能团主要转化为 NO_3^-（$[NH_4^+] \ll [NO_3^-]$）；对于含氮杂环结构，根据其结构特点的不同，氮原子会转化成 NH_4^+ 或 NO_3^-。一般认为，若活性自由基物种进攻有机化合物中氮的 α-碳原子，则有机化合物首先生成氨基化合物然后进一步水解最终生成 NH_4^+；若活性自由基直接进攻氮原子，则会生成 NO_3^-。N_2 主要来源于—N ＝N—双键的光催化氧化。

1.4.3 光催化反应操作条件的影响

TiO_2 光催化氧化降解有机物过程的关键在于降解过程的速度，也就是如何通过对反应操作条件的控制加速有机物的降解动力学速率[109~111]。了解有机物光催化降解过程中主要操作参数对反应活性的影响有利于更好地理解光催化反应过程、促进 TiO_2 光催化氧化技术在实际中的应用。

1.4.3.1 光强与波长的影响

光生载流子的初始生成速率与光强紧密相关[112~115]。在照射波长一定时，光强决定了 TiO_2 对光的吸收程度。大量的研究学者对光强的影响进行了研究[44,114~121]。Chiou 和其合作者研究了紫外光强度（20~400W）对苯酚降解的影响[44]。研究发现所有反应均遵循一级反应动力学，当光强为 20W、100W 和 400W 时，其相应的苯酚降解速率常数为 0.008min^{-1}、0.012min^{-1} 和 0.031min^{-1}，表明增加光强可以增进活性自由基的生成进而使苯酚的光催化降解速率得到提高。Venkatachalam 比较了不同波长下（254nm 和 365nm）TiO_2 对 4-氯苯酚的降解速率[115]，发现 254nm 波长照射下的 4-氯苯酚降解速率稍高于 365nm，因为在 254nm 的紫外光照射下，激发产生的光生载流子具有更高的能量，它们更容易迁移至固液界面，抑制了光生载流子的复合。

1.4.3.2 TiO_2 用量的影响

TiO_2 光催化剂用量的增加会促进光生电子-空穴对的产生，从而使光催化降解效率提高，但是过多的 TiO_2 光催化剂将会导致透光率降低，光散射现象加剧，最终使得光催化效率下降。一些研究表明对于某一给定的光催化反应，存在最佳的 TiO_2 用量范围[44,115,122~124]。Venkatachalam 等人评价了 TiO_2 用量（1~5g/L）对 4-硝基苯酚光催化降解效率的影响，发现 TiO_2 的最佳用量为 2g/L[115]。当

TiO_2 用量较高（如 5g/L）时，作者认为低的 4-硝基苯酚降解效率是由活性 TiO_2 分子的失活引起的。Chiou 等人研究了 Pr 掺杂 TiO_2（Pr-TiO_2）对苯酚的光催化降解[122]，随着 Pr-TiO_2 用量的增加，苯酚的降解效率提高，当 Pr-TiO_2 用量为 1.0g/L 时，降解速率达到最大值 96.5%；继续增加 Pr-TiO_2 用量至 1.2g/L，由于透光率下降，从而使得光催化效率降低。

可见，尽管随着 TiO_2 光催化剂用量的增加，TiO_2 表面参与反应的活性位点增多，但是过多的 TiO_2 将会导致透光率降低，光散射现象加剧，最终使得光催化效率下降。因此对于给定的某一反应，必须确定其最佳 TiO_2 用量以确保光子利用率最大化和避免催化剂的浪费。

1.4.3.3 有机化合物浓度的影响

国内外研究学者针对有机化合物初始浓度对光催化降解速率的影响做了大量的工作[44,115,118,124~128]。例如，在氨基和硝基取代的二苯烯磺酸的光催化降解过程中，研究结果发现当 4, 4′-二硝基二苯烯-2, 2′-磺酸（DNSDA）的初始浓度为 5×10^{-5} mol/L 时，120min 内 DNSDA 的降解效率为 93%；当 DNSDA 初始浓度增至 2×10^{-4} mol/L 时，在 120min 内仅有 63% 的 DNSDA 被降解。San 等人研究了初始浓度对 4-硝基苯酚光催化降解的影响[127]，当 4-硝基苯酚的初始浓度从 3.5×10^{-5} mol/L 增至 9.3×10^{-5} mol/L 时，4-硝基苯酚的光催化降解速率常数从 12.69×10^{-3} min^{-1} 降至 3.12×10^{-3} min^{-1}。正如报道的研究中提到的：随着有机物初始浓度的增加，更多的有机物吸附到 TiO_2 的表面。相应地，为了降解这些有机物需要更多的活性自由基（如·OH）。但是在光强、催化剂用量及光照时间一定的情况下，TiO_2 表面的活性自由基数量并没有改变，因此在高有机物浓度时，可利用的活性自由基不足以降解有机物，从而导致有机物的降解效率下降。此外，有机物初始浓度的增加还会导致更多中间产物的产生，中间产物从 TiO_2 表面扩散到溶液中的速率较慢，过程中占据了 TiO_2 表面的一些自由基活性位点，这也会导致有机物降解效率的下降。当有机物浓度高于 5×10^{-3} mol/L 时，扩散占主导地位，此时反应服从零级反应动力学。相反，低浓度时活性自由基的数量不是限速因素，因此有机物降解速率常数与有机物浓度成正比，符合一级反应动力学。

1.4.3.4 pH 值的影响

pH 在 TiO_2 光催化反应中的影响较为明显，这是因为 pH 会影响到 TiO_2 光催化剂表面的表面电荷、有机污染物的带电性及吸附模式、高活性自由基物种（如·OH，·O_2 和·HO_2）的数量等。对 TiO_2 而言，其主要的两性表面官能团是 TiOH[4]。TiO_2 表面的羟基基团在水溶液中主要发生以下酸碱平衡反应：

$$TiOH_2^+ \xrightarrow[-H^+/+H^+]{pK_{a1}^S} TiOH \xrightarrow[-H^+/+H^+]{pK_{a2}^S} TiO^- \tag{1-3}$$

式中，pK_{a1}^S 和 pK_{a2}^S 分别是一级、二级酸解离常数的负对数。零电荷点处的 pH 值（pH_{pzc}）通过式（1-3）计算得到：

$$pH_{pzc} = \frac{(pK_{a1}^S + pK_{a2}^S)}{2} \qquad (1-4)$$

对于 Degussa P25 而言，其 pK_{a1}^S 和 pK_{a2}^S 分别为 4.5 和 8，因此计算得其 pH_{pzc} 为 6.25[82]。这表明当 pH 大于 pH_{pzc} 时，TiO_2 光催化剂易于和阳离子电子供体和受体发生反应；当 pH 小于 pH_{pzc} 时，TiO_2 光催化剂易于和阴离子电子供体和受体发生反应。

Venkatachalam 等人研究了 pH 值对 4-硝基苯酚光催化降解的影响[115]。研究发现 pH 值为 5 时 4-硝基苯酚的降解效率高于 pH 值为 9 时的降解效率。这是因为酸性条件增强了 4-硝基苯酚在 TiO_2 表面的吸附，而且在酸性条件下光生电子-空穴的复合得到抑制，最终导致降解效率提高；而在碱性条件下，4-硝基苯酚和 TiO_2 表面均带负电，二者不能有效接触，因此光催化降解效率降低。Chiou 研究了 pH 值对苯酚和间-硝基苯酚光催化降解效率的影响[44]，结果发现当 pH 值小于 11 时，在 180min 内苯酚的降解率高于 65%，然而当 pH 值为 12.7 时，苯酚的降解率降至 53%；间-硝基苯酚在中性和微碱性环境中光催化降解效率较高。

可见，不同有机污染物在 TiO_2 光催化反应中降解效率截然不同。针对不同的有机污染物，pH 值的影响随有机污染物性质的不同而异。

1.4.3.5 外加氧化剂的影响

与仅有氧气（O_2）参与的光催化反应相比，H_2O_2，BrO_3^- 和 $S_2O_8^{2-}$ 等氧化剂的加入可以提高光催化氧化反应的效率。其对光催化效率的增强规律一般为 UV/TiO_2/H_2O_2>UV/TiO_2/BrO_3^->UV/TiO_2/$S_2O_8^{2-}$。对于 H_2O_2 而言，其对光催化效率的增强主要是因为羟基自由基浓度的增加，可由如下反应式表示：

$$H_2O_2 + e^- \longrightarrow \cdot OH + OH^- \qquad (1-5)$$

$$H_2O_2 \xrightarrow{h\nu} \cdot HO_2^- + H^+ \qquad (1-6)$$

$$H_2O_2 \xrightarrow{h\nu} \cdot OH + \cdot OH \qquad (1-7)$$

BrO_3^- 可以与导带电子反应，从而抑制了光生电子-空穴的复合，见式 1-8。

$$BrO_3^- + 6e^- + 6H^+ \longrightarrow Br^- + 3H_2O \qquad (1-8)$$

$S_2O_8^{2-}$ 可在溶液中生成硫酸根自由基，然后与水反应生成羟基自由基。

$$S_2O_8^{2-} \longrightarrow 2 \cdot SO_4^- \qquad (1-9)$$

$$2 \cdot SO_4^- + H_2O \longrightarrow \cdot OH + SO_4^{2-} + H^+ \qquad (1-10)$$

Chiou 等人研究了 H_2O_2 用量（1.77~88.2mmol/L）对苯酚降解效率的影响[44]。当 H_2O_2 用量从 1.77mmol/L 增至 8.82mmol/L 时，苯酚降解率从 58% 增

至84%。当 H_2O_2 用量为 44.1mmol/L 时，苯酚在 2.5h 内可被完全降解。当 H_2O_2 用量增至 88.2mmol/L 时，苯酚在 1h 内被完全降解。

综上所述，在 TiO_2 光催化氧化过程中，外加氧化剂的添入提高了 TiO_2 光催化降解有机物的效率，其对光催化降解效率的提高主要是因为：（1）外加氧化剂可以俘获更多的光生电子从而有效抑制了光生电子-空穴的复合；（2）外加氧化剂避免了反应中有时氧气浓度过低的问题；（3）外加氧化剂的添入可以产生更多的活性自由基，增加了活性自由基物种的数量。

1.5　纳米二氧化钛光催化剂的研究与开发

纳米 TiO_2 光催化降解有机污染物过程中，纳米 TiO_2 光催化剂的活性是光催化氧化技术能否得到实际应用的一个决定因素。纳米 TiO_2 光催化剂的催化活性主要依靠于纳米 TiO_2 的微观结构和物化性质，而纳米 TiO_2 的制备方法是决定其微观结构与物化性质（如纳米颗粒的晶体结构及缺陷、粒径大小、形貌、表面化学性质等）的重要因素[52,129~132]，因此制备粒径可控、物化性质稳定且界面化学性质确定的纳米 TiO_2 颗粒对纳米 TiO_2 光催化剂的研究和应用具有重要作用。

1.5.1　纳米二氧化钛光催化剂制备现状

随着纳米科学和材料制备技术的发展，现在有多种方法可用于纳米 TiO_2 光催化剂的制备。制备纳米 TiO_2 光催化剂的方法主要可分为物理法和化学法两大类。

1.5.1.1　物理法

物理法是最早用来制备纳米颗粒的方法[133~135]，常用的有构筑法（如气相冷凝法）和粉碎法（如高能球磨法）。气相冷凝法是指通过各种手段使物质蒸发或挥发成气相，并经过特殊工艺冷凝（如液氮）成核制备纳米颗粒的方法。低压气体蒸发法、等离子体法、溅射法等都是气相冷凝制备纳米颗粒的重要方法。该方法制备的颗粒纯度高、颗粒大小分布均匀、尺寸可控，适用于制备高熔点纳米金属颗粒或纳米颗粒薄膜，缺点是产量低，设备投入大。高能球磨法通常采用高能消耗的方式，强制材料粉末化而得到纳米颗粒，该法的优点是易实现连续生产，并能制备出常规方法难以获得的高熔点金属和合金材料，缺点是颗粒大小不均匀，容易引入杂质。

1.5.1.2　化学法

化学法是现今纳米 TiO_2 颗粒制备领域研究最多的方法，它意味着在纳米 TiO_2 颗粒制备过程中伴随着一些化学反应。可根据反应物系的形态分为固相法、液相法和气相法。其中，化学法中的液相法（如溶胶凝胶法、水热或溶剂热法、微乳液法等）具有设备简单、原料价格便宜、易于添加微量组分、颗粒形状和尺寸比较容易控制，且有利于后续精制工艺的开展等优点，在实验室和工业研究中被广泛采用。目前，许多研究学者对采用化学法制备纳米 TiO_2 的方法做了详尽的综述[5,83,136~138]，以下对液相法中常用的制备方法进行介绍。

A　溶胶凝胶法

溶胶凝胶法[115,139~142]广泛用于纳米 TiO_2 颗粒的制备，它能够通过低温化学手段控制和裁剪材料的显微结构实现掺杂，在薄膜材料和块体材料制备方面具有独特的优势。纳米 TiO_2 颗粒的制备一般以钛醇盐为原料，根据水与钛醇盐的摩尔比，可设计两种工艺路线，即少量水体系和过量水体系。在少量水体系中（水与钛醇盐的摩尔比小于 4），严格控制钛醇盐的水解速率和水解程度使钛醇盐部分水解，最终制备得到有机-无机聚合分子溶胶；在过量水体系（水与钛醇盐的摩尔比远大于 4）中，钛醇盐快速完全水解，形成 $Ti(OH)_4$，然后加入酸或碱使 $Ti(OH)_4$ 分散，形成稳定的溶胶。近年来，由于产物的高结晶度、稳定的合成参数和无需表面活性剂控制晶体生长等优点，非水溶胶凝胶法制备纳米 TiO_2 颗粒受到了研究者的广泛关注。非水溶胶凝胶法是指金属或金属氯化物与烷氧化合物、醇、醚等氧原子给体在非水条件下反应生成无机氧化物的过程，反应的副产物为卤代烃。由于无机钛化合物与钛醇盐及醇类溶剂之间的反应速度相对较慢，因此通过控制反应条件即可控制反应过程。

B　水热或溶剂热法

水热或溶剂热法[143~146]是现今制备纳米 TiO_2 颗粒最常用的方法。水热或溶剂热法是在特制的密闭反应器中，以水或有机溶剂做反应溶液，在一定温度和压力下使通常难溶或不溶的物质溶解并且重结晶。与其他制备方法相比，在水热或溶剂热法中，通过改变工艺条件（如溶液的 pH 值、前驱体的种类和浓度、反应温度和时间等）可实现对纳米粒子成核和生长过程的控制，因此可制备得到不同形貌、粒径和尺寸的纳米 TiO_2 颗粒。所制备的纳米 TiO_2 颗粒结晶程度好，晶粒小且分布比较均匀，团聚程度较轻。但水热或溶剂热法是高温高压下的反应，对反应设备要求高、操作复杂、能耗大。

C　微乳液法

微乳液法[147~149]是近年来开始被研究和应用的方法，它是由热力学稳定分散的、互不相溶的液体组成的、宏观上均一但微观上并不均一的液体混合物，该体系主要由表面活性剂、助表面活性剂（如醇类）、油相（通常为碳氢化合物）和水（或电解质溶液）组成，可以分为水包油型和油包水型微乳液。微乳液法通过表面活性剂来控制纳米颗粒的生长。当微乳液体系确定后，纳米 TiO_2 颗粒的制备通过混合两种含有不同反应物的微乳液实现。具体机理是：当两种微乳液混合后，由于胶团颗粒的碰撞，发生了水核内物质的相互交换和传递，化学反应就在水核内进行，一旦水核内粒子长到一定尺寸，表面活性剂将吸附在粒子的表面，使纳米粒子稳定并防止其进一步长大，因而可以控制纳米粒子的大小。微乳液法制备得到的纳米 TiO_2 颗粒形貌均一、尺寸分布窄；过程中不需加热、操作简单。但由于过程中使用了大量的表面活性剂，很难从制备得到的粒子表面除去这些有机物。

1.5.2 纳米二氧化钛光催化剂工业化的瓶颈

纳米 TiO_2 光催化氧化技术作为一种新型的环境有机污染物削减技术在难降解有机污染物的处理方面受到了广泛的重视，至今已发现有 3000 多种难降解有机污染物可在紫外光照射下通过 TiO_2 迅速降解。根据一些研究者的估测，应用 TiO_2 作为光催化剂的光催化环境治理技术，其经济性与其他相关技术相比无论现在还是未来都是有竞争力的。

从 1.5.1 节的叙述可知，虽然目前已有工业化的纳米 TiO_2 颗粒，但价格昂贵，增加了在实际应用中的成本。而实验室中制备的纳米 TiO_2 颗粒，目前受光催化剂降解效率及催化活性恢复的影响，总体上仍处于理论探索和实验室阶段，尚未达到产业化规模，在工业上的应用受到了极大限制。其主要问题包括以下几个方面：

（1）量子产率低。纳米 TiO_2 光催化反应过程中光生载流子复合率高，总反应速率较慢，导致光催化效率低，难以处理量大且浓度高的工业废水和废气。

（2）催化剂回收困难。纳米 TiO_2 颗粒细微，在光催化过程中存在分散不均匀、易团聚、易失活、难以回收等缺点。

（3）太阳能利用率低。纳米 TiO_2 的光响应范围窄，只能被波长较短的紫外线激发，在室外只能吸收太阳光中不到 5% 的紫外光部分，能源利用率低。

可见，提高 TiO_2 光催化剂的活性必须要解决光生载流子复合几率高、催化剂分散不均匀、易团聚、难回收和 TiO_2 激发波长窄的问题。因此，如何提高纳米 TiO_2 的光催化活性、增强纳米 TiO_2 颗粒在溶液中的分散性和稳定性、解决催化剂分离回收困难的问题以及实现 TiO_2 的可见光催化活性是 TiO_2 光催化研究领域最具挑战性的课题。

1.5.3 纳米二氧化钛光催化剂的改性研究

为了解决纳米 TiO_2 颗粒工业化进程中遇到的问题，研究者所做的主要工作是对 TiO_2 光催化剂进行改性。半导体 TiO_2 光催化剂被紫外光激发后将产生电子和空穴的分离，但其中绝大部分的光生电子和空穴在迁移至催化剂表面前都重新复合，为了在光催化剂表面有效地转移电荷，必须减缓或者消除光生电子-空穴的复合。界面电荷转移的总量子产率取决于两个过程：一是光生载流子复合和俘获间的竞争（皮秒到纳秒）；一是被俘获的光生载流子的复合和界面电荷转移之间的竞争（微秒到毫秒）。对于稳态光解作用而言，延长光生载流子复合时间或增加界面电荷转移速度都可提高量子产率。现在已有多种方法可明显抑制其复合，并将已分开的电子和空穴寿命提高到纳秒级以上的程度。这些方法有通过半导体中的缺陷结构俘获载流子、减少半导体粒度、在半导体中添加或掺杂金属和其他半导体复合等，具体介绍如下。

1.5.3.1　增加表面缺陷结构

通过俘获载流子可明显抑制光生电子和空穴的再复合。表面缺陷部位的本质取决于化学制备方法。在制备胶体和多晶光催化剂时，和制备化学催化剂一样，一般很难制得理想的半导体晶格。在制备过程中，无论是在半导体的表面还是体内都会出现一些不规则结构，这种不规则性和表面电子态密切相关，可使后者在能量上不同于半导体主体能带上的电子态。这样的电子态就会起到俘获载流子的阱的作用，从而有助于抑制光生电子和空穴的复合。

1.5.3.2　减小 TiO_2 光催化剂粒度

当 TiO_2 颗粒尺寸可和 TiO_2 颗粒中载流子的 Broglie 波长相比时会发生量子尺寸效应（Quantum Size Effect，QSE），此时颗粒大小在 1~10nm 的数量级范围内。研究表明[5,150,151]：半导体 TiO_2 的颗粒尺寸减少至纳米级时，其光催化活性显著提高。这主要是因为：第一，当半导体 TiO_2 颗粒的粒径达到纳米尺寸时，量子尺寸效应变得非常显著，导带和价带变成了分立的能级，禁带能隙变宽，生成的光生电子和光生空穴能量更高，具有了更强的氧化还原能力；张青红等人[151]利用 $TiCl_4$ 水解法制备得到平均粒径为 7nm 的锐钛矿型 TiO_2，与 TiO_2 块体材料相比，其吸收带边界蓝移了 38nm；第二，光催化剂的粒径减小，光生电子从晶体内部扩散到表面的时间越短，电子与空穴分离的效果越好，复合的可能性越小，极大地提高了光催化效率；第三，半导体催化剂粒径越小其表面积越大，大的比表面积使得光催化剂吸附底物的能力增强，可促进光催化反应更快地进行。

1.5.3.3　贵金属修饰 TiO_2 光催化剂

采用贵金属修饰 TiO_2 是降低光生载流子复合的有效途径。常用的贵金属有 Pt、Ag、Au、Ru、Rh 和 Pd。当贵金属沉积在 TiO_2 催化剂表面时会引起载流子的重新分布，电子将从 Fermi 能级较高的 n 型半导体转移至 Fermi 能级较低的金属，直到二者 Fermi 能级相等，从而形成肖特基能垒（Schottky Barrier），该能垒是抑制光生载流子复合的一种有效的电子浅势阱，电子激发后向表面迁移时即被肖特基能垒所俘获，从而使电子-空穴对的复合受到抑制，提高了 TiO_2 的光催化活性。贵金属在 TiO_2 表面的沉积一般并不形成一层覆盖物，而是形成尺度为纳米级的原子簇。Hufschmidt 等人[152]的研究证明，和 TiO_2 相比，Pt/TiO_2 在电导过程中发生了还原作用，这样空穴就能自由地扩散到半导体表面氧化有机物。Li 等人[153]的研究表明贵金属在 TiO_2 表面的沉积必须控制在合适的浓度范围，过高浓度的贵金属反而有可能成为光生载流子的复合中心，从而降低催化剂活性。

1.5.3.4　过渡金属离子掺杂

研究表明掺杂的过渡金属离子在紫外光辐照下可大大改进电子的俘获，抑制光生载流子的复合，其对 TiO_2 光催化性质的影响主要通过以下途径实现：（1）过渡金属离子掺杂可造成晶格缺陷，有利于形成更多的 Ti^{3+}，例如 Fe^{3+} 和 Cu^{2+} 的掺杂，但同时这些晶格缺陷也有可能成为电子-空穴对的复合中心（如 Cr^{3+}）而降低催化剂的活性；（2）过渡金属离子掺杂可能会影响 TiO_2 表面的吸附性能，从而影响催化活性；（3）过渡金属离子掺杂可能改变 TiO_2 结晶度，进而影响光生载流子的复合和 TiO_2 的光催化活性。过渡金属离子对 TiO_2 催化剂活性的影响非常复杂，与过渡金属的种类、掺杂浓度、掺杂工艺、目标污染物和具体操作条件都有很大的关系[150,154]。即使对于同一种过渡金属离子掺杂，也有许多截然不同的报道。虽然在掺杂过程中还存在一些问题，但随着过渡金属离子掺杂 TiO_2 改性研究的进一步深入，TiO_2 在实际中将能得到广泛的应用。

1.5.3.5　复合半导体

半导体复合是提高光催化效率的有效手段。由于不同类型的半导体导带和价带的差异，通过半导体复合可使光生载流子得到有效分离，从而提高了量子产率。从本质上讲，半导体复合可看做是一种颗粒对另一种颗粒的修饰。半导体复合纳米粒子的方式有核-壳结构、偶联结构、固溶体和量子点量子阱等。

具有偶联结构的半导体复合纳米粒子研究较多，在光电催化及光电太阳能转换方面有广泛的应用。在禁带结构中，基于禁带宽度及导带位置的高低，Spanhel、Weller、Henglein 提出了"三明治结构"（Sandwich Structure）这个术语。这种复合粒子由一种具有较宽禁带宽度而导带位置较低的半导体粒子（如 TiO_2、ZnO）与另一种具有较窄禁带宽度而导带位置较高的半导体粒子（如 CdS、Cd_3P_2）结合而成。在三明治结构中由于光生电子或空穴的转移，电荷分离好，寿命长。以 $CdS-TiO_2$ 复合体系为例，如图 1-11a 所示，当用足够激发能量的光照射时，CdS 和 TiO_2 同时发生带间跃迁。由于导带和价带能级之间的差异，光生电子聚集在 TiO_2 的导带，而空穴则聚集在 CdS 的价带，光生载流子得到分离，提高了量子效率。另一方面，如图 1-11b 所示，当光量子能较小时，只有 CdS 发生带间跃迁，CdS 中产生的激发电子输送至 TiO_2 导带进而使得光生载流子分离。

当两种半导体形成核壳结构时，载流子的分离情况如图 1-12 所示，从图中可以看到，累积在核内的俘获电子不能被利用，这势必会影响量子效率。根据电子转移过程的热力学要求，复合半导体必须具有合适的能级才能使电荷更有效分离，从而形成更为有效的光催化剂。

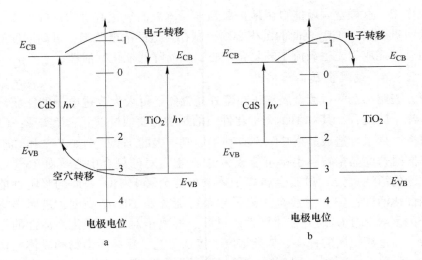

图 1-11 载流子在三明治结构复合半导体中的迁移

a—激发能足够大时；b—激发能较小时

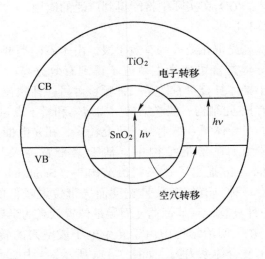

图 1-12 载流子在核壳结构复合半导体中的迁移

2 纳米催化剂的分散

2.1 引言

纳米科学虽然发展起来只有短短二十几年的时间，但纳米材料显示出来许多振奋人心的优异性质。纳米催化剂是指在三维空间中至少有一维处于纳米尺度范围或由它们作为基本单元构成的材料。纳米催化剂是介于团簇和体相之间的特殊状态，具有宏观相的元胞和键合结构，这一特异结构使得纳米催化剂具有量子尺寸效应、小尺寸效应、表面效应和宏观量子隧道效应，进而展现出许多特有的性质。在催化、医药、磁介质、新材料等方面具有广阔的应用前景。但纳米催化剂粒径小，表面能高，具有自发团聚的趋势，而团聚的存在又将大大影响纳米催化剂优势的发挥。因此，如何改善纳米催化剂在液相介质中的分散和稳定是十分重要的课题[155]。

颗粒分散是近年来发展起来的新兴边缘学科。所谓颗粒分散是指粉体颗粒在液相介质中分离散开并在整个液相中均匀分布的过程，主要包括润湿、解团聚及分散颗粒的稳定化三个阶段。润湿是指将粉体缓慢地加入混合体系中形成的漩涡，使吸附在粉体表面的空气或其他杂质被液体取代的过程。解团聚是指通过机械或超声等方法，使较大粒径的聚集体分散为较小的颗粒。稳定化是指保证粉体颗粒在液体中保持长期的均匀分散。根据分散介质的不同，分散体系可分为水性体系和非水性体系；根据分散方法的不同，分散体系可分为物理分散和化学分散。物理分散包括超声波分散、机械力分散等。化学分散即选择一种或多种适宜的分散剂提高悬浮体的分散性，改善其稳定性及流变性。

本章首先对纳米催化剂发生团聚的原因做了简要分析，重点对纳米催化剂分散的基本原理和方法进行了详细阐述。

2.2 纳米催化剂团聚的原因

纳米催化剂团聚的原因大致可分为以下几种[156,157]：（1）纳米催化剂在制备过程中，由于冲击、摩擦及粒径的减小，在新生催化剂的表面积累了大量的正电荷或负电荷。因颗粒形状各异、极不规则，造成表面电荷在新生催化剂的拐角及凸起处聚集，这些新生催化剂的凸起处有的带正电、有的带负电。除此之外，在干空气中，颗粒还因传导、摩擦、感应等原因带电，这些带电颗粒极不稳定，在静电库仑力的作用下，极易发生团聚。（2）材料在粉碎过程中，吸收了大量的机械能和热能，使得新生催化剂的颗粒表面具有相当高的表面能，颗粒处于极不稳定的状态。颗粒为了降低表面能，往往通过相互聚集靠拢而达到稳定状态，因而引起颗粒团聚。（3）当材料超细化到一定粒径以下时，颗粒间的距离极短，颗粒间的范德华力远远大于颗粒自身重力。同时，颗粒之间的静电吸引力、毛细管力等较弱的相互作用力越来越明显，表面原子数比例大大增加，使得纳米颗粒表面活性增强，颗粒间吸引力增大，因此产生团聚。（4）由于纳米颗粒之间表面的氢键、吸附及其他化学键的作用，也容易导致颗粒之间相互黏附聚集。

由于以上原因，在纳米颗粒之间普遍存在两种团聚状态：软团聚和硬团聚。软团聚主要是颗粒间的范德华力和库仑力导致，由于相互作用力较弱，可以通过一般的化学作用或机械作用来消除。硬团聚形成的原因，除了颗粒间的范德华力和库仑力以及化学键合的作用力等多种作用力之外，还与纳米颗粒的制备工艺及过程控制有关，因此作用力较强，只通过一般的化学作用是不够的，必须采取一些特殊的方法进行控制。

由于纳米颗粒所具有的特殊表面结构，所以在颗粒间存在着有别于常规颗粒间的作用能——纳米作用能（F_n）。定性地讲，这种纳米作用能就是纳米颗粒的表面因缺少邻近配位的原子具有很高的活性，而使纳米颗粒彼此团聚的内在属性，其物理意义应是单位比表面积纳米颗粒具有的吸附力。它是纳米颗粒几个方面吸附的总和，即：纳米颗粒间氢键、静电作用产生的吸附，纳米颗粒间的量子隧道效应、电荷转移和界面原子的局部产生的吸附，纳米颗粒巨大的比表面产生的吸附。纳米作用能是纳米颗粒易团聚的内在因素。要得到分散性好、粒径小、粒径分布窄的纳米微粒，必须削弱或减小纳米作用能。

2.3　纳米催化剂分散的胶体科学基本原理

2.3.1　胶体状态的本质

把一种物质或几种物质分散在另一种物质中就构成了分散体系。分散体系中被分散的物质叫做分散相，另一种物质叫做分散介质。按分散程度不同，可以分为粗分散体系（颗粒粒径>100nm）、胶体分散体系（颗粒粒径 1~100nm）和溶液体系（颗粒粒径<1nm）。当一种物质溶解在另一种物质中形成溶液时，溶质分子只有几个纳米或几百个皮米，溶质分子的大小与溶剂分子相当。胶体状态则不同，其对应于溶质部分的颗粒尺寸远大于溶剂或连续相。胶体的本质是物质以一定分散程度而存在的一种状态，而不是一种特殊类型物质的固有状态。任何物质在一定条件下可以制备成溶液，而在另一种条件下又可以制备成胶体。胶体体系的三大特征是高度分散的多相性、动力学稳定性和热力学不稳定性。

根据溶解物是否亲液，胶体体系可分为亲液和疏液两种类型。判断的标准是体系经干燥后能否被再次分散，亲液体系为单相而疏液体系以两相存在。如果经过较长时间，胶体颗粒仍能保持彼此分散状态，表明该体系是稳定的。亲液胶体的稳定性源于溶液是热力学稳定态，即溶液较单独分散的颗粒具有更低的吉布斯自由能。对疏液胶体来讲，颗粒之间存在的范德华力使颗粒连接在一起，只有存在一定的外力破坏这种聚集时，体系才能稳定存在一段时间，但它们始终是热力学不稳定体系。亲液胶体的稳定性受盐浓度的影响程度小，而疏液胶体的稳定性则明显受到体系盐浓度的影响。如果用水做溶剂，胶体则被分为亲水体系和疏水体系。显然，纳米催化剂的分散属于疏水体系，始终具有热力学不稳定性，需要外力（如搅拌、超声等）的参与使其保持一定的动力学稳定性，而且其稳定程度受体系盐浓度的影响。

2.3.2 胶体的表面电荷

胶体表面电荷产生的途径可归结为以下三种方式：

（1）自身解离颗粒表面具有酸性基团，解离后表面带正电；颗粒表面具有碱性基团，解离后表面带正电（如图 2-1 所示）。例如，蛋白质分子是氨基酸的聚合物，在不同 pH 值的介质中带电情况不同，$NH_3^+CR_2COO^-$ 为中性，$NH_3^+CR_2COOH$ 为酸性，而 $NH_2CR_2COO^-$ 为碱性。

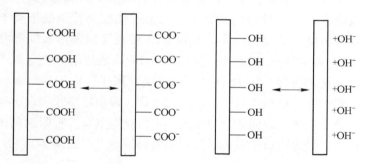

图 2-1 颗粒通过表面酸性或碱性基团解离使表面带电

（2）晶格取代或晶格缺失颗粒表面带有一定数量的电荷最早从黏土中发现，源于晶体的缺陷结构。对于黏土或矿物，在成矿时有些 Al^{3+} 的位置被 Ca^{2+} 或 Mg^{2+} 所取代，从而使黏土晶格带负电。为维持电中性，黏土表面必然要吸附某些正离子，这些正离子又因水化而离开表面，并形成双电层。晶格取代是造成黏土颗粒带电的主要原因。将 AgI 晶体放在水中，则其开始溶解，如果有等量的 Ag^+ 和 I^- 解离则表面不带电荷，实际上 Ag^+ 更容易溶解，因此表面带负电，如图 2-2 所示。

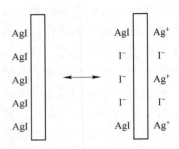

图 2-2 晶格缺失使表面带电

（3）吸附作用有些物质如石墨、纤维等在水中不能解离，但其可以从水中吸附 H^+、OH^- 或其他离子，而使质点带电，许多溶胶的电荷来源属于此类。对金属氧化物而言，表层的金属氢氧化物具有两亲性质，随体系 pH 值的不同，使得分散相离子的表面或者带正电或者带负电。

凡经化学反应用凝聚法制得的溶胶，其电荷亦来源于离子的选择吸附。实验证明，能和组成质点的离子形成不溶物的离子，最容易被质点表面吸附，这个规则通常称为 Fajans 规则。根据这个规则，用 $AgNO_3$ 和 KBr 反应制备 AgBr 溶胶时，AgBr 质点易于吸附 Ag^+ 或 Br^-，而对 K^+ 或 NO_3^- 吸附极弱。AgBr 质点的带电状态，取决于 Ag^+ 或 Br^- 中哪种离子过量。在没有与溶胶粒子组成相同的离子存在时，胶粒一般先吸附水化能力较弱的阴离子，而使水化能力较强的阳离子留在溶液中，所以通常带负电荷的胶粒居多。AgBr 晶体相对于周围溶液的静电势取决于溶液中 Ag^+ 和 Br^- 的数量。Ag^+ 和 Br^- 被称为 AgBr 体系的电势决定离子。对于金属氧化物和氢氧化物而言，H^+ 和 OH^- 是电势决定离子。由于胶粒表面带某种电荷，则介质必然带有数量相等而符号相反的电荷，因而使溶胶表现出各种电学性质。通过吸附离子或离子表面活性剂也能使表面获得电荷。吸附阳离子表面活性剂使表面带正电，吸附阴离子表面活性剂使表面带负电，如图 2-3 所示。

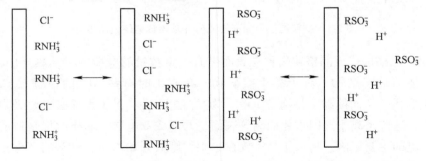

图 2-3 通过吸附阳离子或阴离子表面活性剂使表面带电

2.3.3 胶体的双电层结构

图 2-4 是胶体粒子的双电层结构及其电位分布示意图。粒子的中心，是由数百以至数万个分散相固体物质分子组成的胶核。在胶核表面，有一层带同号电荷的离子，称为电位离子层，电位离子层构成了双电层的内层，电位离子所带的电荷称为胶体粒子的表面电荷，其电性正负和数量多少决定了双电层总电位的符号和胶体粒子的整体呈现为电中性。为了平衡电位离子所带的表面电荷，液相一侧必须存在众多电荷数与表面电荷相等而电性与电位离子相反的离子，称为反离子。反离子层构成了双电层的外层，其中紧靠电位离子的反离子被电位离子牢固吸引着，并随胶核一起运动，称为反离子吸附层。吸附层的厚度一般为几纳米，它和电位离子层一起构成胶体粒子的固定层。固定层外围的反离子由于受电位离子的引力较弱，受热运动和水合作用的影响较大，因而不随胶核一起运动，并趋于向溶液主体扩散，称为反离子扩散层。扩散层中，反离子浓度呈内浓外稀的递减分布，直至与溶液中的平均浓度相等。

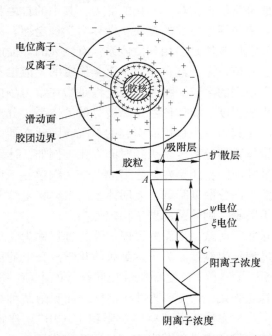

图 2-4　胶体粒子的双电层结构及其电位分布示意图

固定层与扩散层之间的交界面称为滑动面。当胶核与溶液发生相对运动时，胶体粒子就沿滑动面一分为二，滑动面以内的部分是一个作整体运动的动力单元，称为胶粒。由于其中的反离子所带电荷数少于表面电荷总数，所以胶粒总是带有剩余电荷。剩余电荷的电性与电位离子的电性相同，其数量等于表面电荷总数与吸附层反离子所带电荷之差。胶粒和扩散层一起构成电中性的胶体粒子（即胶团）。

胶核表面电荷的存在，使胶核与溶液主体之间产生电位，称为总电位或 ψ 电位。胶粒表面剩余电荷，使滑动面与溶液主体之间也产生电位，称为电动电位或 ξ 电位。图 2-4 中的曲线 AC 和 BC 段分别表示出 ψ 电位和 ξ 电位随与胶核距离不同而变化的情况。ψ 电位和 ξ 电位的区别是：对于特定的胶体，ψ 电位是固定不变的，而 ξ 电位则随温度、pH 值及溶液中的反离子强度等外部条件而变化，是表征胶体稳定性强弱和研究胶体凝聚条件的重要参数。

2.3.4 胶体的稳定与失稳

从能量角度来看，胶体如果在一段时间内保持介稳状态，我们就说它是稳定的。而在预期的时间内，失去胶体的某些性质，如分散程度或颗粒尺寸等，则称为不稳定状态。一般我们讨论的胶体稳定性体系均为疏液体系，因为对亲液体系来说，除非有外力干扰，其本质上是稳定的。

分散稳定性一般是指能抵抗状态变化的能力，其中的自由颗粒能进行布朗运动。胶体的稳定性一般包括三方面的含义，即热力学稳定性、动力学稳定性和聚集稳定性。热力学稳定性胶体是多相分散体系，有巨大的界面能，因此在热力学上是不稳定的。现已知道，微乳液在热力学上是稳定的。但也不排斥在一定条件下，可以制取热力学稳定的溶胶。动力学稳定性是指在重力场或离心力场中，胶粒从分散介质中离析的程度。胶体体系是高度分散的体系，分散相颗粒小，做强烈的布朗运动，能阻止其因重力作用而引起的下沉，因此在动力学上是相对稳定的。聚集稳定性是指体系的分散度是否随时间变化。例如，体系中含有一定数目的细小胶粒，由于某种原因，团聚在一起形成一个大颗粒并不再被拆散，这时体系中不存在细小胶粒，即分散度降低，表明体系的聚集稳定性差。反之，若体系中细小胶粒长时间不团聚，则体系的聚集稳定性高。

胶体因 ξ 电位降低或消除，从而失去稳定性的过程称为失稳。失稳的胶粒相互聚集为微絮粒的过程称为凝聚。为了达到胶体化学意义上的稳定状态，通常有两条途径（如图 2-5 所示）：（1）使颗粒带相同符号的电荷，彼此相互排斥，这种方法叫做"静电稳定作用"；（2）通过在颗粒表面吸附某种物质如高分子，阻止颗粒的相互接近，这种方法叫做"空间位阻稳定作用"。在很多情况下，我们将这两种作用机制结合起来称为"静电空间位阻稳定作用"。

2.3.4.1 静电稳定作用

在 2.3.2 节我们介绍了胶体表面电荷的三种来源，即表面活性基团的自身解离、晶格缺陷、特定吸附阳离子或阴离子。从扩散双电层的观点解释胶体的稳定性已普遍被人们所采用。其基本观点是胶粒具有一定的 ξ 电位，使颗粒间产生静

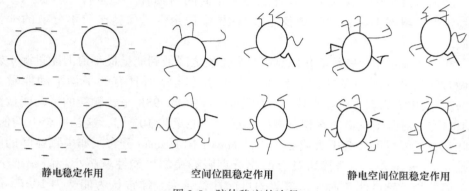

静电稳定作用　　　　空间位阻稳定作用　　　　静电空间位阻稳定作用

图 2-5　胶体稳定的途径

电斥力。同时，胶粒表面水化，具有弹性水膜，它们也起排斥作用，从而阻止颗粒间的聚集。胶粒间除静电斥力外，还存在范德华力。在扩散层模型的基础上，Derjaguin、London、Verwey 和 Overbeek 等人在 20 世纪 40 年代初发展了关于溶胶稳定性的 DLVO 理论。该理论认为，溶胶在一定条件下是稳定存在还是聚沉，取决于颗粒间的相互吸引力和静电排斥力的竞争。若静电排斥力大于相互吸引力则溶胶稳定，反之则不稳定。

　　当两个胶粒相互靠近时，体系相互作用的能量（吸引能+排斥能）变化的情况可用图 2-6 表示。当两个胶粒相距较远时，离子氛尚未重叠，颗粒间远距离的吸引力在起作用，即相互吸引力占优势，曲线在横轴以下，总位能为负值；随着胶粒间距离变近，离子氛重叠，静电排斥力开始起作用，总位能逐渐上升为正值，到一定距离时，总位能最大，出现一个峰值——"势垒"。势垒的高度一般被认为是使颗粒附着而必须克服的活化能。位能上升，意味着两胶粒不能进一步靠近，或者说它们碰撞后又会分离开来。一旦越过势垒，位能迅速下降，说明当胶粒间距离很近时，吸引力随胶粒间距离的变小而激增，使引力占优势。总位能下降为负值，意味着胶粒将发生聚集。由此可以得出结论：如果使胶粒聚集在一

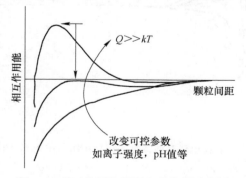

图 2-6　相互作用能随距离变化的示意图

起，必须越过势垒，这就是胶体体系在一定时间内具有"稳定性"的原因。这种稳定性，习惯上称为"聚集稳定性"。聚集稳定性是保持溶胶不分散的一种性质。

在胶体体系中使颗粒活化以克服势垒并使之降低到能量最小值的能量源于颗粒做布朗运动而具有的热能。胶体颗粒由于热运动所具有的平均平动能量为 $3/2kT$，其中 k 为玻耳兹曼常数，T 为温度。在室温298K下，颗粒的平均能量为 5×10^{-21} J。对两个碰撞的颗粒，碰撞过程中的能量为 10^{-20} J，这是一个平均值，实际颗粒的能量可能会更大或更小，呈 Maxwell-Blotzman 分布。如果颗粒间的能垒是 nkT，n 越大，由碰撞所具有的能量克服势垒的可能性就越小；而 n 越小，由碰撞使颗粒越过能垒而导致聚集的可能性就越大。通常认为能垒为 $10kT$，胶体体系是稳定的；而能垒为 $1kT$，体系则会失稳。能垒的大小受温度、溶剂性质、压力、电解质等因素的影响。

图 2-6 中，在较低的离子浓度下，颗粒的静电排斥能 Q 远远大于热运动能量 kT。随着离子强度的增加，静电排斥作用受到屏蔽，能垒下降，当能垒与 kT 值相当时，将不能阻止颗粒的聚集。通过调节 pH 值和盐浓度可以改变能垒的高度。

图 2-7 和图 2-8 分别给出了表面电势和电解质浓度对相互作用总位能的影响，可以看出表面电势越高，系统越稳定。电解质浓度越高，双电层厚度相应减小，能垒降低，系统越不稳定。

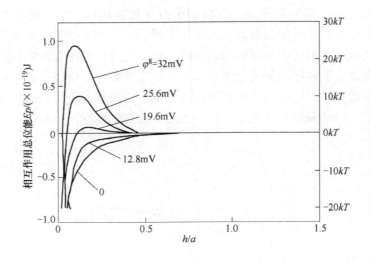

图 2-7 表面电势对两颗粒的相互作用总位能 E_p 的影响

（$a=10^{-7}$ m，$A_H=10^{-19}$ J，$T=298$ K，$k=10^8$ m^{-1}）

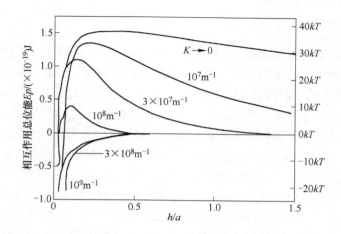

图 2-8 电解质浓度对两球形颗粒的相互作用总位能 E_p 的影响

（$a = 10^{-7}$ m，$A_H = 10^{-19}$ J，$T = 298$K，$\psi = 25.6$ mV）

2.3.4.2 空间位阻稳定作用

防止胶粒团聚的途径有两种，一种是增加能量势垒的高度，另一种是防止颗粒相互接近，使它们不能接近到有强大吸引力的范围。通过非离子性物质吸附在颗粒周围建立起一个物质屏障，就能达到后者的要求。吸附层越厚，颗粒中心距离就越大，进而分散体系也就越稳定。这种物质的屏障效应被称为吸附层的位阻效应或者空间位阻效应，这种稳定作用被称为空间位阻稳定作用。

现今利用高分子化合物稳定胶体已经成为制备稳定胶体体系的主要手段，不论是天然还是合成的高分子化合物，其优点在于：（1）对电解质不敏感；（2）不仅可用于以水为介质的体系，还可用于非水介质体系；（3）固体含量可以很高；（4）絮凝往往是可逆的。以上四个优点是静电稳定胶体所不具备的。

高分子化合物通过库仑（电荷-电荷）作用、偶极-偶极作用、氢键及范德华力作用吸附到胶体颗粒的表面，同时也和溶剂发生相互作用，达到平衡。目前，有两种机理用来解释高分子化合物的稳定作用。一种是以严格的统计力学为根据的"熵稳定作用"，也被称为体积限域作用。该理论假定接近吸附层的另一表面是不能渗入的，因而吸附层被压缩，反应区内聚合物链段的构型熵减少。两个颗粒逐渐接近时，由于第二个颗粒的存在，高分子化合物吸附层可能存在的总的构象数下降，这种熵减少使得 ΔG 增加，在质点间产生了净的排斥力效应，从而提高了体系的稳定性。另一种解释空间位阻稳定作用机理的理论是以聚合物溶液的统计学为根据的渗透斥力稳定理论，该理论认为聚合物分子或溶剂分子吸附层的重叠将产生过剩的化学势，在靠近的质点间，这种化学势能引起排斥能，使得体系稳定。

2.3.5　DLVO 理论

20 世纪 40 年代初 Derjaguin、London、Verwey 和 Overbeek 等人建立了把表面电荷与胶体稳定性联系起来的 DLVO 理论。DLVO 理论认为：胶粒之间存在着相互吸引力，即范德华力；也存在着相互排斥力，即双电层重叠时的静电排斥力。这两种相反的作用力决定了溶胶的稳定性。当颗粒之间吸引力占主导地位时，溶胶聚沉；当静电排斥力占优势，并能阻止颗粒因碰撞而聚沉时，胶体就处于稳定状态。

图 2-9 所示的静电排斥曲线用来表示如果迫使两个颗粒不断接近所需要的能量，始终用正值表示。当两颗粒相互接触时，排斥能达到最大值，当两颗粒间的距离超过它们之间的双电层厚度时，相互排斥能为零。排斥能的最大值取决于表面电势和 ξ 电位。范德华力来源于胶粒内部的每个分子，具有加和性，始终为负值。每一点所对应的总相互作用能是两者的加和。如果排斥能大，则为正值，吸引能大，则为负值。最大排斥能所对应的点被称为能垒，能垒的高度决定了体系的稳定性。图 2-9 给出了两个胶粒之间可能的相互作用情况，根据电解质浓度、表面电荷密度和 ξ 电位的不同，可能存在下列情形。

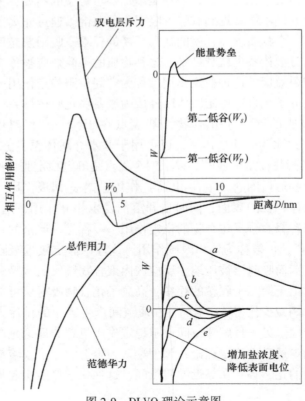

图 2-9　DLVO 理论示意图

（1）在稀的电解质溶液中，颗粒表面有较高的电荷密度，总的相互作用为排斥力，在距表面 1~4nm 处有一个较高的能垒，它阻止颗粒之间的相互吸附。如果能垒足够高，则颗粒的热运动无法克服它，因而胶体保持相对稳定。通常情况下，能垒高度超过 $15kT$ 以上，即可阻止颗粒因热运动碰撞而产生的聚沉，如图 2-9 中线条 a 所示。

（2）能垒的大小与表面电位、颗粒大小及对称性有关。在相对浓一些的电解质溶液中，在能垒出现前有一个第二极小值，它的位置常常超过 3nm，颗粒强烈吸附在一起时，位能迅速下降至第一极小值（图 2-9 中线条 b）。如果它的深度有几个 kT，那么就能克服布朗运动效应而产生类似于絮凝的缔合。从理论上讲，颗粒落在第二极小值发生聚沉应当是稳定的，这时的胶体仍具有动力学稳定性。

（3）如果表面电荷密度和 ξ 电位都很低，能垒的位置将会很低（图 2-9 中线条 c），这将引起颗粒间的缓慢聚集，被称为"絮凝"或"聚沉"。在某一对应的电解质浓度即临界聚沉浓度时，能垒为零，颗粒迅速聚沉，这时的胶体不稳定（图 2-9 中线条 d）。

（4）当表面电荷密度和 ξ 电位为零时，总的相互作用能曲线和单独的范德华作用能曲线重合，两表面在任意距离处都存在强烈的相互吸引（图 2-9 中线条 e）。

很多情况下为了获得稳定性不同的胶体，我们可以通过改变环境来增加或降低能垒。常用的方法有改变离子环境、调整 pH 值或添加表面活性物质等来影响胶体表面的电荷。

DLVO 理论的不足之处在于不能充分说明胶体的稳定和聚沉等各种复杂现象。然而，它在理论上的主要贡献是阐明了胶体系统中聚集不稳定性的物理本质，使我们认识到，在胶体系统中，聚集的倾向总是大于分散的倾向。稳定剂的存在虽然能使胶体系统获得相对的稳定，但不能根本改变胶体系统是热力学不稳定系统、分散度易变的特征。

2.4 纳米催化剂分散的方法

2.4.1 物理法

2.4.1.1 超声波法

超声波（20kHz~50MHz）具有波长短、近似直线传播、能量容易集中等特点。超声波技术在物理、生物、医学、工农业生产以及测量等许多领域中得到广泛应用，超声波可以提高化学反应收率、缩短反应时间、提高反应的选择性，而且还能够激发在没有超声波存在时不能发生的化学反应。超声化学是当前一个极为活跃的研究领域。

超声分散是将需处理的颗粒悬浮体直接置于超声场中，用适当频率和功率的超声波加以处理，是一种强度很高的分散手段。超声波分散作用的机理目前普遍认为与空化作用有关。超声波的传播是以介质为载体的，超声波在介质中的传播过程中存在着一个正负压强的交变周期。介质在交替的正负压强下受到挤压和牵拉。当用足够大振幅的超声波来作用于液体介质时，在负压区内介质分子间的平均距离会超过使液体介质保持不变的临界分子距离，液体介质就会发生断裂，形成微泡，微泡进一步长大成为空化气泡。这些气泡可以重新溶解于液体介质中，也可能上浮并消失；也可能脱离超声场的共振相位而溃陷。这种空化气泡在液体介质中产生溃陷或消失的现象，就叫空化作用。空化作用可以产生局部的高温高压，并且产生巨大的冲击力和微射流，纳米粉体在其作用下，表面能被削弱，可以有效地防止颗粒的团聚使之充分分散。

超声分散用于超细粉体悬浮液的分散虽可获得理想的分散效果，但由于能耗大，大规模使用成本太高，因此目前在实验室使用较多，不过随着超声技术的不断发展，超声分散在工业生产中应用是完全可能的。

2.4.1.2　机械分散法

机械分散法是借助外界剪切力或撞击力等机械能使纳米粒子在介质中充分分散的一种方法。机械分散法有研磨、普通球磨、振动球磨、胶体磨、空气磨、机械搅拌等。普通球磨是一个圆筒形容器沿其轴线水平旋转，研磨效率与填充物性质及数量、磨球种类大小及数量、转速等很多因素有关，是最常用的机械分散方式，缺点是研磨效率较低。振动球磨是利用研磨体高频振动产生的球对球的冲击粉碎粉体粒子，这种振动通常是二维或者三维方向的，其效率远高于普通球磨。强烈的机械搅拌也是破碎团聚的有效方法，主要靠冲击、剪切和拉伸等作用来实现浆料的分散。

振动球磨的研磨效率较高，可以有效地降低粉体的粒径，提高比表面积。但粉体磨细到一定程度，再延长球磨时间，粉体粒径不会变化。这是由于细颗粒具有巨大的界面能，颗粒间的范德华力较强，随着粉体力度的降低，颗粒间自动聚集的趋势变大，分散作用与聚集作用达到平衡，粒径不再变化。在球磨的过程中常加入分散剂，使其吸附在粒子表面，不仅可以使球磨得到的粉体粒径更小，而且可以使浆料在较长时间内保持其稳定性。

尽管球磨是目前最常用的一种分散超细粉体的方法，但球磨也存在一些显著的缺点。最大的缺点就是在研磨的过程中，由于球与球、球与筒、球与料以及料与筒之间的撞击、研磨，使球磨筒和球本身被磨损，磨损的物质进入浆料中成为杂质，这种杂质将不可避免地对浆料的纯度及性能产生影响。另外，球磨过程是一个复杂的物理化学过程，球磨的作用不仅可以使颗粒变细，而且通过球磨过程可能大大改变粉末的物理化学性质；例如，可大大提高粉末的表面能，增加晶格不完整性，形成表面无定形层。在一些情况下，粉体的化学成分因球磨而发生变化，如钛酸钡在水中球磨，由于 $Ba(OH)_2$ 的形成和溶解，使 $BaTiO_3$ 粉料中 Ba 离子遭受损失。

2.4.2 化学法

纳米颗粒在水介质中的分散是一个分散与絮凝平衡的过程，尽管物理方法可以较好地实现纳米颗粒在水等液相介质中的分散，但一旦机械力的作用停止，颗粒间由于范德华力的作用，又会相互聚集起来。而采用化学法，即在悬浮体中加入分散剂，使其在颗粒表面吸附，可以改变颗粒表面的性质，从而改变颗粒与液相介质、颗粒与颗粒间的相互作用，使颗粒间有较强的排斥力，这种抑制浆料絮凝的作用更为持久。实际生产中常将物理分散与化学分散结合起来，利用物理手段解团聚，加入分散剂实现浆料稳定化，可以达到较好的分散效果[158~160]。

常用的分散剂主要有以下几类：

（1）表面活性剂，表面活性剂是由亲油基和亲水基两部分组成，是双亲分子，包括长链脂肪酸、十六烷基三甲基溴化铵（CTAB）等。该类分散剂的作用主要是空间位阻效应，亲水基吸附在粉体表面，疏水链伸向溶剂中，对改善浆料的流变性有较好效果。CTAB 和双十八烷基二甲基氯化铵（DDAC）可以明显地改善膨润土在水中的分散情况。

（2）小分子量无机电解质或无机聚合物，如硅酸钠、氯酸钠、柠檬酸钠、2-膦酸丁烷-1，2，4-三羧酸（PBTCA）、三聚磷酸钾（$K_5P_3O_{10}$）、焦磷酸钾（$K_4P_2O_7$）等。这一类分散剂可以发生离解而带电，吸附在粉体表面可以提高颗粒表面电势，使静电斥力增大，提高浆料的稳定性。因此，一般认为这类分散剂的作用机理是静电排斥稳定。不过近些年的研究结果表明，尽管这类小分子的分子量较低，但形成的吸附层也有几个埃到 1~2nm 厚，这一吸附层也能起到空间位阻的作用。

（3）聚合物类，这一类分散剂具有较大的分子量，吸附在固体颗粒表面，其高分子长链在介质中充分伸展，形成几纳米到几十纳米厚的吸附层，产生的空间位阻效应能有效组织颗粒间相互聚集。聚合物依其能否离解分为离子型和非离子型。非离子型聚合物只是通过位阻作用稳定浆料，主要有阿拉伯树胶、明胶、羧甲基纤维素等。而离子型聚合物，即聚电解质，其主链或支链上基团可发生离解而使其带电，吸附在颗粒表面可以增加其带电量，因此除位阻作用外，还有静电稳定的机理，即产生静电位阻稳定效应。颗粒在距离较远时，双电层斥力起主导作用；颗粒在距离较近时，空间位阻阻止颗粒靠近，这种静电位阻效应被认为可以产生最佳的分散效果。这类具有静电位阻作用的分散剂有聚（甲基）丙烯酸（盐）、木质磺酸盐、海藻酸盐、聚乙烯亚胺等。

（4）偶联剂类，如钛酸酯偶联剂、锡类偶联剂和硅类偶联剂等。

在以上四种类型的分散剂中，第二、三种分散剂用得最多。

根据所含活性基团的电性质，分散剂可分为离子型和非离子型，离子型又分为阳离子型、阴离子型和两性型。

（1）阳离子型具有带正电的极性基团，如氨基、季氨基等。

（2）阴离子型具有带负电的极性基团，这些基团主要有羧基、磺酸基（酯）、磷酸根、磷酸基（酯）等。

（3）非离子型包含的极性基团不带电，如乙二醇等。

（4）两性型分散剂的分子中带有两种活性基团，一种带正电，一种带负电。其中正电基团主要是氨基和季氨基，负电基团主要是羧基和磺酸基，如某些两性表面活性剂。

3 纳米二氧化钛光催化剂的高温制备及催化性能

3.1 引言

TiO$_2$光催化氧化技术是一种潜在的、对环境友好的、非常有发展前途的处理有机物的技术。从绪论中我们知道：TiO$_2$光催化降解含氮有机化合物的效率受TiO$_2$性质（如TiO$_2$晶型结构、颗粒尺寸等）、有机污染物自身性质（对含氮有机污染物而言，主要包括氮原子的初始氧化价态、氮原子在有机化合物中的存在形式（如伯胺、仲胺、叔胺等）、氮原子的数目及位置等）和光催化反应操作条件的影响（如光强、有机物初始浓度、TiO$_2$用量、pH值等）[52, 63]。研究者对大量含氮有机化合物的TiO$_2$光催化降解进行了研究，但大多集中在对不同操作条件下TiO$_2$光催化降解有机物活性的评价。对于喹啉的TiO$_2$光催化降解及其降解机理动力学的研究则少有涉及，而对TiO$_2$光催化降解喹啉的反应途径和机理动力学的研究，将直接影响到对反应过程的控制、引导和干预，同时也影响着工业比拟放大过程。

在本章中，我们采用改进的溶胶凝胶法制备纳米TiO$_2$光催化剂，并将其用于喹啉的光催化降解。本章主要对TiO$_2$光催化降解喹啉的操作条件进行了优化，研究了TiO$_2$光催化降解喹啉的动力学行为，并将自制TiO$_2$颗粒与商业化P25的催化活性进行了比较[161, 162]。该研究对丰富TiO$_2$光催化过程的基础理论和实际应用具有重要意义。

3.2 纳米二氧化钛光催化剂的制备及表征

3.2.1 制备方法

溶胶-凝胶法制备TiO$_2$的实验设计关键在于钛溶胶的配方设计。根据钛酸正丁酯、乙醇和水三者的相图，如图3-1所示，A区为凝胶形成区域；B区为浸渍区，当原料配比位于该区域时，可得到稳定均匀的TiO$_2$溶胶；C区为不混溶区，当原料配比位于该区域时，钛酸正丁酯迅速水解，生成沉淀。为了得到稳定的TiO$_2$溶胶，溶胶设计组成选择在相图的浸渍区（B区内）。由于钛酸正丁酯与水发生的水解缩聚反应可以瞬间完成，为了更好地控制溶胶形成过程，实验中采用乙酸来控制水解速度。具体操作如下：首先将 3.42mL 钛酸正丁酯、4.67mL 的乙醇和 0.57mL 乙酸混合，形成溶液 A；再将 0.54mL 去离子水和 2.33mL 乙醇混合，形成溶液 B。将溶液 B 逐滴滴入搅拌状态下的溶液 A，形成透明稳定的淡黄色溶胶，静置片刻后得到 TiO_2 湿凝胶，湿凝胶在 60℃下干燥 48h 得到干凝胶，将干凝胶在氧气气氛中 450℃ 焙烧 3h，最后经研磨得到自制纳米 TiO_2 颗粒（标记为 TiO_2-450）。

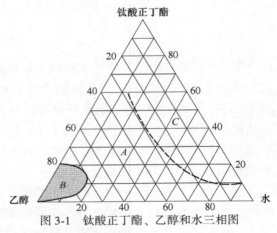

图 3-1　钛酸正丁酯、乙醇和水三相图

3.2.2　表征手段

自制纳米 TiO_2 光催化剂的形貌通过 JEOL 2100 透射电子显微镜（Transmission Electron Microscope，TEM）获取，工作电压为 200kV。TiO_2 晶型采用日本 Rigaku X 射线粉末衍射仪（X-ray diffractometer，XRD）进行测定，射线源是 Cu 靶 Kα 射线（$\lambda = 0.154$nm）；管电流、管电压分别为 40mA、40kV，扫描范围 $2\theta = 20° \sim 80°$。基于氮气吸脱附原理，样品的吸附脱附等温线采用 Quantachrome Autosorb-3b 仪器进行测定，测试之前样品需要在 120℃ 干燥 18h，样品的比表面积通过 BET 方法得到。TiO_2 颗粒表面不同 pH 值时的 Zeta 电位通过 Zetasizer Nano ZEN 3600 进行测定。

3.2.3　结构特性

图 3-2 给出了 TiO_2-450 的 TEM 照片，粒径在 14～17nm。采用 XRD 对 TiO_2-450 晶型进行分析（如图 3-3 所示），通过与标准谱图进行对照，发现 TiO_2-450 与锐钛矿型 TiO_2（JCPDS no. 03-065-5714）结构相吻合。利用 Scherrer 公式在衍射峰（101），（004），（200）和（204）处对 TiO_2-450 进行粒径计算，得到其平均粒径为 16nm，与 TEM 得到的结果相一致。

　　图 3-4 给出了不同 pH 值下 TiO_2-450 的 Zeta 电位，从图中我们可以得到所制 TiO_2-450 的零电荷 pH 值为 5.2，与文献报道值一致[163, 164]。

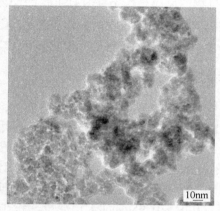

图 3-2　TiO_2-450 光催化剂 TEM 照片

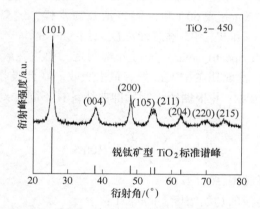

图 3-3　TiO_2-450 光催化剂 X 射线衍射图

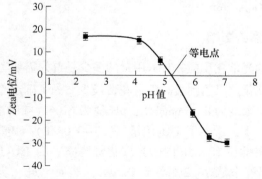

图 3-4　TiO_2-450 光催化剂 Zeta 电位随 pH 值变化规律

3.3　二氧化钛光催化降解喹啉操作条件的优化

TiO$_2$光催化降解有机物的反应操作条件对有机物的动力学降解速率有很大的影响。因此，首先对 TiO$_2$光催化降解喹啉的操作条件进行了优化。过程中通过对喹啉在 313nm 处的紫外吸收变化考察喹啉的光催化降解效率和动力学降解速率。

3.3.1　喹啉光催化降解反应

喹啉光催化降解反应在 Luzchem 4V 光反应器中进行，光反应器中配置有磁力搅拌器和 14 个 UVA 紫外灯管（$\lambda = 365$nm）。采用能量计（序列号 E44333）测得光反应器内紫外灯光强为 3. 15mW/cm^2。喹啉溶液 pH 值通过滴加 0. 1mol/L 的氢氧化钠或 0. 1mol/L 的盐酸进行调节，采用数显式 pH 计（AB15pH 计，Fisher Scientific）对 pH 值进行监测。首先将一定量 TiO$_2$光催化剂（0. 5~3. 0g/L）与不同初始浓度的喹啉溶液（0. 15~0. 95mmol/L）混合，将 TiO$_2$和喹啉溶液的混合体系在避光下反应 60 min 达到吸附平衡，然后开启紫外灯进行光催化降解实验，每隔一定时间（每 30 min 或 60 min）取 2mL 反应水样，经离心分离后，取其上清液进行定量分析。不同时刻喹啉溶液浓度采用 Varian Cary 5000 紫外可见分光光度计（UV-Vis-NIR Spectrometer）进行分析测定。通过在紫外和可见光区域对喹啉进行全程扫描，发现其在 313nm 处有最大吸收。在此吸收波长下测定样品光催化降解前后的吸光度，并根据所绘制标准曲线计算不同时刻喹啉浓度。喹啉降解率按下式计算：

$$\eta = \frac{C_0 - C_t}{C_0} \times 100\% \tag{3-1}$$

式中　　η——喹啉降解率，%；

$\quad\quad C_0$——喹啉溶液的初始浓度，mmol/L；

$\quad\quad C_t$——t 时刻喹啉溶液的浓度，mmol/L；

$\quad\quad t$——反应时间，min。

3.3.2　二氧化钛用量的影响

对于任何给定的光催化反应，TiO$_2$用量的多少是首先需要考虑的问题。合理的催化剂用量可以使催化效果达到最高而且花费最少。为了确定喹啉降解中 TiO$_2$的最佳用量，在喹啉初始浓度为 0. 55mmol/L，pH 值为 6. 06（喹啉溶液原始 pH 值，未进行酸碱调节）条件下，考察了 TiO$_2$用量（0. 5~3. 0g/L）对喹啉降解效率的影响。

图 3-5 给出了喹啉在 180min 内的光催化降解率。当 TiO$_2$用量从 0. 5g/L 增加到 2g/L 时，喹啉降解率从 73. 2% 增至 88. 9%，然而，进一步增加 TiO$_2$用量时，喹啉降解率减小至 86. 5%。大量研究证明有机污染物的光催化降解效率与催化剂

表面活性位点的数量和催化剂吸附质子的能力密切相关[44, 115, 122~124]。高的 TiO_2 用量提供了更多可利用的表面积、增强了光吸收，因而有更多的活性位点和光生电子-空穴对产生，使得喹啉降解效率提高。然而过多的 TiO_2 用量将会导致光散射现象加剧，降低透光率，最终导致喹啉降解效率下降。

在图 3-5 中，我们可以看到不同 TiO_2 用量下，喹啉的光催化降解服从准一级反应。虽然在 TiO_2 用量为 2g/L 时喹啉光催化降解速率常数达到最大值 0.0117min⁻¹，但考虑到高 TiO_2 用量可能导致的溶液体系透光率下降以及进一步引起的线性偏差，因此选用 1.5g/L（相应喹啉光催化降解速率常数为 0.0113min⁻¹）的 TiO_2 用量更为合理。在以下研究中，若无特殊说明，TiO_2 用量均选用 1.5g/L。

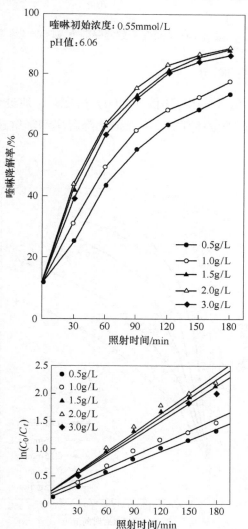

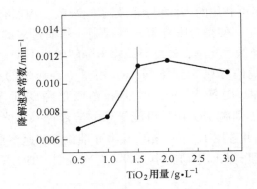

图 3-5 TiO$_2$ 用量对 TiO$_2$ 光催化降解喹啉效率及降解速率常数的影响

3.3.3 喹啉初始浓度的影响

在 TiO$_2$ 用量（1.5g/L）和 pH 值（6.06）一定时，通过改变喹啉的初始浓度（0.15~0.95mmol/L）来考察其对喹啉光催化降解率和降解速率常数的影响（如图 3-6 所示）。

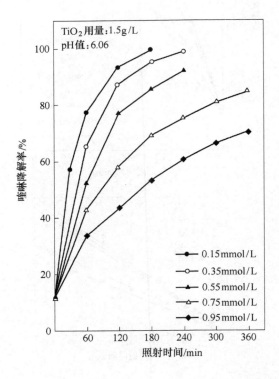

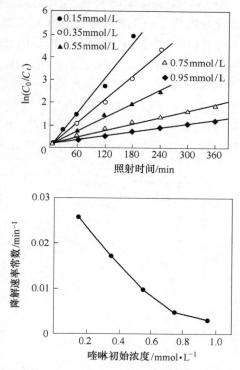

图 3-6 喹啉初始浓度对 TiO_2 光催化降解喹啉效率及降解速率常数的影响

从图中可以看到，在 180min 的光催化反应时间内，当喹啉初始浓度从 0.15mmol/L 增至 0.95mmol/L 时，喹啉降解效率从 99.3% 降至 53.1%，与此同时，光催化降解速率常数从 0.0258min^{-1} 降至 0.0030min^{-1}。这是因为，随着喹啉浓度的增加，越来越多的喹啉吸附在 TiO_2 表面，相应地，需要更多的活性自由基去降解喹啉。然而对于给定的反应，在光强、催化剂量及光照时间等不变的情况下，反应过程中产生的活性自由基量是一定的，因而当喹啉浓度较高时，体系中存在的活性自由基不足以氧化降解喹啉，导致喹啉降解率下降。此外，喹啉降解过程中生成的中间产物及反应产物并不能立即从 TiO_2 表面扩散到溶液体系，会占据 TiO_2 表面的部分活性位点，这也会导致喹啉降解效率的下降。

另外，我们应该注意到：尽管随着喹啉初始浓度的增加，TiO_2 对喹啉的降解效率下降，但是被降解的喹啉的总量是增加的。考虑到反应时间及光催化降解效率，在以下的研究中我们选用喹啉初始浓度为 0.55mmol/L 进行实验。

3.3.4 pH 值的影响

基于现有的报道，我们发现 pH 值在 TiO_2 光催化氧化降解有机物的反应中起着重要的作用[9, 165]。pH 值可能会影响喹啉在 TiO₂ 表面的吸附及解离，TiO₂ 的表面电荷以及其他物理化学性质。由于含喹啉的实际废水在排放时可能处于不同的 pH 值，因此我们考察了 pH 值在 2~11 范围内 pH 变化对喹啉降解率的影响。

图 3-7 给出了 pH 值与喹啉降解率之间的关系。在 240min 的光催化反应时间内，当 pH 值从 2.03 变为 11.19 时，喹啉降解率从 68.1% 增至 99.4%，而且 pH 值为 11.19 时的光催化降解速率常数（$0.0219min^{-1}$）约是 pH 值为 2.03 时光催化降解速率常数的 4 倍（$0.0044min^{-1}$）。实验结果表明：TiO₂ 对喹啉的降解更倾向于在碱性条件下进行，这是 TiO₂ 和喹啉之间相互作用/亲和力的结果。

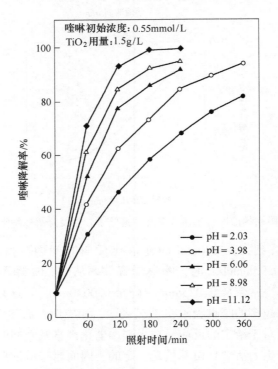

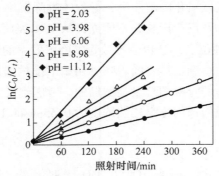

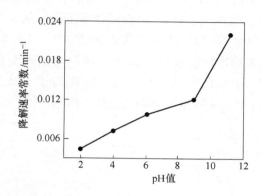

图 3-7 pH 值对 TiO_2 光催化降解喹啉效率及降解速率常数的影响

在本实验中，TiO_2 的零电荷 pH 值为 5.2，因此当 pH 值小于 5.2 时，TiO_2 表面带正电荷；pH 值大于 5.2 时，TiO_2 表面带负电荷；pH 值等于 5.2 时，TiO_2 表面不带电。喹啉是一种弱碱性的有机叔胺类含氮有机物，其 pK_a 值为 4.5。根据溶液中 pH 值的不同，喹啉可以带正电或负电。在 pH 值较低时，喹啉以质子化的形式存在，表现为带正电，该阳离子在水中有很高的溶解度（例如，当 pH 值为 2.7 时，20℃ 下质子化喹啉在水中的溶解度为 37.5mmol/L），因此质子化的喹啉不能很容易吸附到同样也带正电荷的 TiO_2 表面。当溶液 pH 值高于 5.2 时，TiO_2 表面带负电，与此同时，pH 值的增加使得质子化的喹啉重新变为喹啉（$pK_a = 4.5$），喹啉在 TiO_2 表面的吸附比在低 pH 值下变得容易起来。随着 pH 值的进一步升高，喹啉主要以非离子形式存在，其在水中的溶解度下降，在 TiO_2 表面的吸附增强。

虽然碱性环境有利于喹啉的光催化降解，考虑到化学试剂消耗和实验操作的简易性，在以后的研究中我们选用 pH 值为 6.06（即保持喹啉溶液原有的 pH，不经过任何酸碱调节）。

3.4 二氧化钛光催化降解喹啉活性及重复使用性

图 3-8a 给出了在优化的操作条件（喹啉初始浓度 C_0 为 0.55mmol/L，TiO_2 用量为 1.5g/L，pH 值为 6.06）下 TiO_2 光催化降解喹啉过程中喹啉的紫外可见光谱图，图 3-8b 和 3-8c 比较了 TiO_2-450、商业化 P25 及无催化剂情况下喹啉的光催化降解结果。从图中发现在无催化剂添加的情况下，喹啉基本不被降解；而 TiO_2-450 具有与 P25 可比拟的光催化活性。很多研究者报道 P25 比传统的锐钛矿型 TiO_2 具有高的催化活性。在本研究中，TiO_2-450 呈现出与 P25 相比拟的光催化活性，这主要是因为：首先，TiO_2-450 的小尺寸会影响喹啉降解率，TiO_2-450 的

平均粒径为 16nm，而 P25 的粒径为 30nm，随着纳米颗粒粒径的减小，TiO_2 表面的反应活性位点增加，光生电子-空穴对的复合率下降，从而具有较高的催化活性。Maira 等人在锐钛矿型 TiO_2 降解三氯乙烯的反应中也观察到了类似的现象[91, 95]。其次，随着纳米颗粒粒径的减小，颗粒的比表面积增大，在本研究中，TiO_2-450 的 BET 比表面积为 183m^2/g，远远高于 P25 的 BET 比表面积（50m^2/g），最终使得 TiO_2-450 也具有高的光催化降解活性。

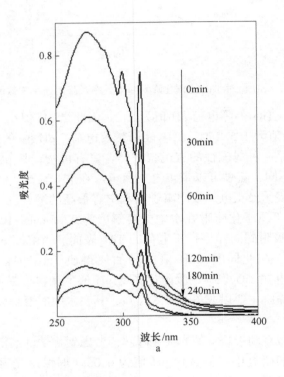

a

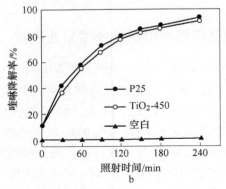

b

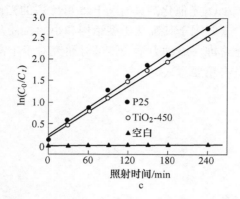

图 3-8   不同 TiO_2 光催化降解喹啉活性比较

a—TiO_2-450 光催化降解喹啉的紫外可见光谱图；

b—TiO_2-450，P25 及无催化剂情况下对喹啉的降解效率；

c—TiO_2-450，P25 及无催化剂情况下对喹啉光催化降解动力学

催化剂的循环使用对于 TiO_2 光催化技术的工业化应用具有很重要的作用，因此我们考察了 TiO_2-450 在优化操作条件下的重复使用性，实验结果如图 3-9 所示。从图中我们可以看到，TiO_2-450 的活性在每次循环使用后基本不变，经过四次重复使用后，TiO_2-450 对喹啉的降解率仍保持在 90.6%（第一次使用后降解率为 91.5%）。

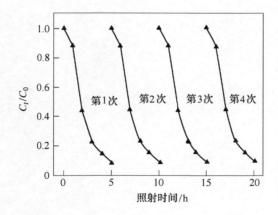

图 3-9 TiO_2-450 光催化降解喹啉的循环使用实验

3.5 本章小结

采用改进的溶胶凝胶法制备得到平均粒径为 16nm 的 TiO_2 颗粒，并将其用于

喹啉的光催化降解。该 TiO_2 光催化剂具有与 P25 可比拟的光催化活性而且能够重复使用且不失活，这主要归因于其锐钛矿型结构和小的粒径及大的比表面积。喹啉的光催化降解过程符合准一级动力学。该部分研究对于丰富 TiO_2 光催化过程的基础理论和实际应用具有重要意义。

4 水分散纳米二氧化钛光催化剂设计、制备及催化性能

4.1 引言

第3章中，我们通过采用溶胶凝胶法制备得到对喹啉具有很好降解效率的纳米 TiO_2 颗粒，但是溶胶凝胶法制备 TiO_2 过程中受水量、醇量、溶液 pH、水解温度、溶液浓度和溶剂效应等多种因素的影响，而且反应需要在 450°C 的高温下进行后续热处理才能获得锐钛矿型 TiO_2，存在制备过程中温度高、能耗大等缺点。此外，TiO_2 颗粒也会在热处理的过程中长大，造成 TiO_2 颗粒团聚，影响了 TiO_2 的分散性，更重要的是，高温热处理往往会引起一些副反应，降低 TiO_2 的制备效率或增加制造成本。因此，如何在低温下制备具有高催化活性且水分散性良好的锐钛矿型 TiO_2 已成为该领域研究的重要突破点。

由于纳米颗粒粒径小、比表面积大、颗粒表面原子配位不足以及高比表面能使表面原子具有很高的表面活性，成为一种不稳定的热力学体系，因此未经表面修饰的纳米颗粒之间容易通过相互结合使体系总能量下降，形成颗粒的团聚。水分散的纳米 TiO_2 通常需经表面修饰使纳米颗粒比表面能下降从而阻止团聚现象的发生。除此之外，水分散纳米 TiO_2 还可提供宏观上的均相反应体系（例如，与传统的 TiO_2 光催化反应体系相比，在宏观上不存在两相边界），提高纳米 TiO_2 的光催化反应活性；而且有利于在溶液状态下研究纳米 TiO_2 的光学、电学及催化特性，为反应器件的设计提供精确的信息。

目前，研究者已通过在制备过程中加入油酸、烷基胺、聚乙烯醇等有机表面活性剂获得水分散纳米 TiO_2。表面活性剂的存在产生了粒子间的排斥力，使得粒子间不易接触，从而防止了团聚体的产生。例如，Ohya 和其合作者基于钛醇盐和烷基胺/烷基氨氢氧化物之间的酸碱反应得到了水分散性的 TiO_2[159]。然而由于烷基胺/烷基氨氢氧化物直接键合于纳米 TiO_2 表面，这可能会钝化纳米 TiO_2 的表面活性，进而影响纳米 TiO_2 的光催化反应性能[166]。Yan 等人通过采用 PEG-400作为溶剂和稳定剂成功制备了水分散纳米 TiO_2，但是该催化剂经过第一次重复使用后催化活性及水分散性显著下降，作者认为这是由于键合在纳米 TiO_2 表面的 PEG-400 在光催化过程中有可能被降解而造成的[160]。另外，纳米 TiO_2 颗粒的制备通常需要后续高温热处理或复杂的化学过程以获得有晶型结构的纳米

TiO_2，而高温热处理会导致纳米颗粒的长大和纳米颗粒比表面积的下降，最终引起纳米 TiO_2 光催化活性的下降。因此，在不添加表面活性剂的条件下低温合成高水分散性纳米 TiO_2 具有重要的意义。

基于目前已报道的低温合成纳米 TiO_2 颗粒的方法[167~169]和胶体化学中经典的静电位阻 DLVO（Derjaguin，Landau，Verwey and Overbeek）理论[170, 171]，本章中，我们首先在不添加表面活性剂的情况下低温（80℃）制备得到水分散纯纳米 TiO_2 颗粒，通过对其形貌、晶型、表面特性及稳定性的分析，揭示了水分散纯纳米 TiO_2 颗粒的结构与水分散性的关系[63, 172]。同时，通过对不同制备方法得到的纳米 TiO_2 颗粒的结构和其水分散性进行比较（即不添加表面活性剂制备得到的水分散纯纳米 TiO_2 颗粒、添加表面活性剂乙二醇制备得到的纳米 TiO_2 颗粒和传统溶胶凝胶法制备得到的纳米 TiO_2 颗粒），进一步验证了不添加表面活性剂低温合成水分散纳米 TiO_2 颗粒的优越性。最后，通过对喹啉降解中间产物及活性自由基物种的监测，推测了喹啉光催化降解的可能途径和机理。

4.2　水分散性纳米二氧化钛设计与制备

4.2.1　技术路线

纳米 TiO_2 的制备和前驱体钛醇盐的水解与缩聚有关。在传统溶胶凝胶法中，考虑到钛醇盐对水的敏感性，通常以醇为溶剂而仅使用少量的水以抑制钛醇盐的水解，然而该法在室温下得到的为无定型 TiO_2，需经高温焙烧才能使 TiO_2 晶化[173]。式（4-1）和式（4-2）给出了传统溶胶凝胶法中钛醇盐（以钛酸正丁酯为例，$Ti(OC_4H_9)_4$）的水解与缩聚反应。

$$Ti(OC_4H_9)_4 + nH_2O \longrightarrow Ti(OH)_n(OC_4H_9)_{4-n} + nC_4H_9OH \qquad (4-1)$$

$$Ti(OH)_n(OC_4H_9)_{4-n} + Ti(OH)_n(OC_4H_9)_{4-n} \longrightarrow Ti_2O_n(OC_4H_9)_{8-2n} + nH_2O$$
$$(4-2)$$

通过分析式（4-1）和式（4-2），可以推测：若在反应进行过程中使用足量的水促进钛醇盐水解，则可能会发生如下反应（见式（4-3）和式（4-4））。

$$Ti(OC_4H_9)_4 + 4H_2O \longrightarrow Ti(OH)_4 + 4C_4H_9OH \qquad (4-3)$$

$$mTi(OH)_4 \longrightarrow (TiO_2)_m + 2mH_2O \qquad (4-4)$$

在这个思路的引导下，我们建立了以水为主要溶剂的水解-缩聚反应体系，希望发生的反应如式（4-3）和式（4-4）所示。为了使最终产物只含有 $Ti(OH)_4$，需要钛醇盐的水解反应足够快，而且在缩聚反应发生之前彻底水解，这要求参加反应的水量远远过量。因此，在实验设计方面，加大水的用量，促进钛醇盐的完全水解；过程中对酸的用量进行调控，促进水解，抑制缩聚；在实验操作过程中，改变加料顺序，将钛醇盐滴加到酸性水溶液中，严格控制滴加速率，确保水解反应时的水量过剩，以利于其充分水解。

4.2.2 实验方法

在不加特别说明的情况下，实验中所用水均为超纯水（电阻率为18.2 MΩ·cm），所有药品均为分析纯，购买于 Sigma-Aldrich 公司。商业化 Degussa P25（粒径约 30nm，由 25% 的金红石型 TiO_2 和 75% 的锐钛矿型 TiO_2 组成，BET 比表面积为 $50m^2/g$）购买于德国 Degussa 公司。所有试剂在使用时未经任何进一步纯化处理。

制备过程中控制钛酸正丁酯、超纯水、异丙醇和硝酸的摩尔比为 1：155：1.5：0.1。例如，将 3mL 的钛酸正丁酯与 0.96mL 异丙醇混合，在强烈搅拌下将所得混合溶液以 1mL/min 的速度滴加到 25mL 硝酸溶液（24.7mL 水与 0.3mL 浓硝酸混合，pH 值约为 1.3）中。设定反应温度为 80℃，反应 24h 后得到均一的白色 TiO_2 溶液。待所得产物冷却到室温（25℃）后，离心收集 TiO_2 颗粒（11000r/min，30min），然后采用超纯水分散 TiO_2 颗粒并高速离心收集产物以纯化所制备的 TiO_2 颗粒，重复上面的离心过程三次，将所得 TiO_2 颗粒在 30℃ 真空干燥，所得产物标记为 TiO_2-80。

TiO_2-80 光催化剂的形貌通过 JEOL 2100 高分辨透射电子显微镜（High Resolution Transmission Electron Microscope，HRTEM）获取，工作电压为 200kV。TiO_2-80 光催化剂的晶型采用日本 Rigaku X 射线粉末衍射仪（X-ray diffractometer，XRD）进行测定，射线源是 Cu 靶 Kα 射线（$\lambda = 0.154nm$）；管电流、管电压分别为 40mA、40kV，扫描范围 $2\theta = 20° \sim 80°$。TiO_2-80 光催化剂的表面元素分析采用 PHI Quantera X 射线光电子能谱（X-ray photoelectron spectroscopy，XPS）进行，光电子能谱使用 Al-Ka 为激发源，全谱扫描模式为 CAE 模式，透过能为 140eV，扫描步长为 1.0eV；分谱分析模式为 CAE 模式，透过能为 26eV，扫描步长为 0.1eV。TiO_2-80 光催化剂表面不同 pH 值时的带电情况通过 Zeta 电位测试进行表征（Zetasizer Nano ZEN 3600，Malvern）。通过采用 Malvern 公司的 Zetasizer Nano ZEN 3600 对 TiO_2-80 光催化剂的水合粒径进行测定，用于表征 TiO_2-80 的水分散性。采用 Nicolet FTIR Infrared Microscope（型号：NEXUS 670 FTIR）在 650 ~ 4000cm^{-1} 波长范围内对催化剂的红外光谱进行分析。除非有特殊说明，本书其他光催化剂表征所使用的仪器条件均相同。

4.3 水分散性纳米二氧化钛结构与水分散性关系

4.3.1 形貌晶型分析

图 4-1 给出了 TiO_2-80 的 HRTEM 图，可以看到：所得产物呈多边形、平均粒

径为（9.8±0.6）nm。采用 XRD 对 TiO$_2$-80 晶型进行分析（如图 4-2 所示），从图中可以看到，TiO$_2$-80 的 XRD 谱图基本与锐钛矿型 TiO$_2$（JCPDS no. 03-065-5714）相吻合。采用 Scherrer 公式在衍射峰（101）、（004）、（200）处对 TiO$_2$-80 进行粒径计算，得到其平均粒径为 9.7nm，与 TEM 得到的结果（如图 4-1 所示）相一致。

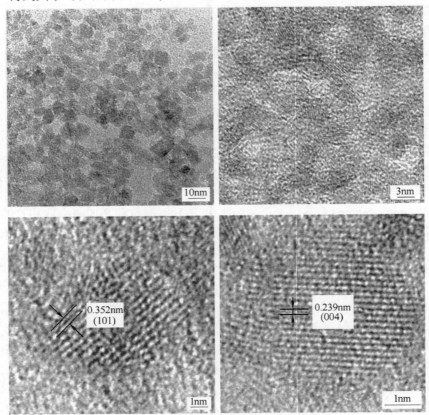

图 4-1　TiO$_2$-80 光催化剂 HRTEM 分析

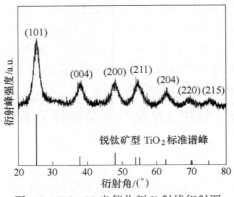

图 4-2　TiO$_2$-80 光催化剂 X 射线衍射图

4.3.2　表面元素分析

图 4-3 是 TiO_2-80 光催化剂的 XPS 光谱图。其中，图 4-3a 是样品的全谱扫描图。从图中可以看出，样品表面含有 Ti，O 两种元素，它们的结合能分别是 458（$Ti2p_{3/2}$）和 531（$O1s$）。图 4-3b 是 Ti 元素的高分辨谱图。用已知的标准氧峰（$O1s$ = 530eV）校正谱图中 Ti 元素的结合能峰值，得到 $Ti2p_{3/2}$ = 458.7eV，$Ti2p_{1/2}$ = 464.7eV，与 TiO_2 中 Ti2p 的标准值（$Ti2p_{3/2}$ = 458.7eV，$Ti2p_{1/2}$ = 464.6eV）一致。由于 XPS 反映的是样品表面的信息，该结果进一步证实了 80℃低温下可制备得到结晶的纳米 TiO_2 颗粒。

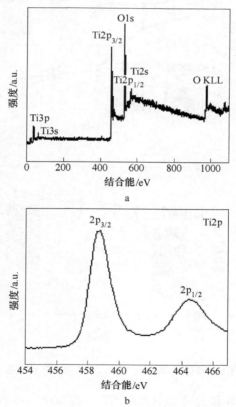

图 4-3　TiO_2-80 光催化剂的 XPS 光谱图

a—TiO_2-80 的全谱扫描结果；b—TiO_2-80 中 Ti 元素的元素分析结果

4.3.3　结构与水分散性关系

实验中发现，TiO_2-80 水溶液放置很长时间也没发生团聚现象，图 4-4a 给出了不同 pH 值条件下 TiO_2-80 光催化剂的表面 Zeta 电位值。一般认为，颗粒表面的 Zeta 电位值大于 +30mV 或小于 -30mV 时即可在溶液中稳定存在，从图中可以看到，在很宽的 pH 范围内（如 pH2 ~ 8）TiO_2-80 光催化剂的 Zeta 电位值在 +30mV 以上，说明 TiO_2-80 在很宽的 pH 范围内均具有很好的水分散性。图 4-4b 给出了 pH 值在 7 条件下 TiO_2-80 光催化剂的水合粒径变化情况。从实验结果可以发现，经过 96 天放置后，TiO_2-80 的水合粒径基本没有发生变化，表明所制备水分散 TiO_2-80 具有很好的稳定性。

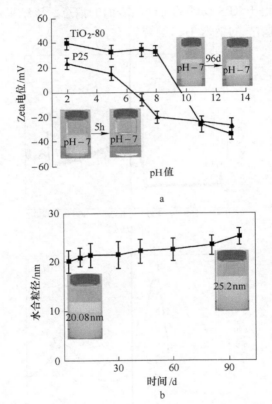

图 4-4　TiO_2-80 表面 Zeta 电位值（a）和水合粒径变化图（b）

在溶液中颗粒的团聚是范德华力和颗粒表面双电层斥力双重作用的结果。对 TiO_2-80 光催化剂而言，制备过程中钛醇盐的水解在很短时间内迅速完成，此时 Ti 以 $[Ti(OH)_n(OH_2)_{6-n}]^{(4-n)+}$ 的形式存在，该形式有利于 $[TiO_6]$ 八面体单元的形成[174, 175]。当一个 $[TiO_6]$ 八面体单元与其他四个 $[TiO_6]$ 八面体单元共边时有利于形成锐钛矿型 TiO_2[176, 177]。因此，若要形成锐钛矿型 TiO_2，更多的 O^{2-} 应当从 $[TiO_6]$ 移除，即在锐钛矿型 TiO_2 形成过程中更多的水分子应当被移除。本实验中，TiO_2-80 在酸性环境（pH 值约为 1.3）下制备得到，溶液中质子的浓度很高，因此 Ti-OH 很容易质子化生成大量的 Ti-OH_2^+，而 Ti-OH_2^+有利于缩聚过程中水分子的移除。在纳米 TiO_2 生成后，TiO_2 能够吸附溶液中的正离子而带正电荷。TiO_2-80 水溶液之所以放置很长时间也不发生团聚现象（如图 4-4 所示），就是因为 TiO_2 吸附了正离子而产生的相互排斥力较大，范德华力的吸引作用小于双电层之间的排斥作用，阻止了 TiO_2 颗粒的团聚。另外，TiO_2-80 在水中有可能是以水合物的形式存在，TiO_2 的表面发生水化，形成一层水膜，这层水膜也能起到排斥作用，进一步增加了 TiO_2 颗粒之间的斥力，使得 TiO_2 更加难以团聚。TiO_2-80 的生成过程可用图 4-5 表示。

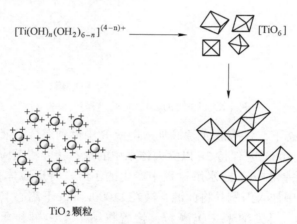

图 4-5　水分散 TiO_2-80 生成过程示意图

4.4　不同制备方法与水分散特性的关系

4.4.1　不同方法制备纳米二氧化钛

4.4.1.1　添加表面活性剂制备水分散性纳米二氧化钛

基于加速钛醇盐水解的思想，若将反应（式（4-3）和式（4-4））进行过程中生成的丁醇和水及时移除，则会促进反应向右进行，加速水解和缩聚反应。为此，我们选用高沸点的乙二醇（197.6℃）作为溶剂，在纳米 TiO_2 颗粒制备过程中，首先将钛醇盐与乙二醇充分混合发生醇解，然后在敞开式环境中加热蒸发掉水解缩聚过程中产生的水和丁醇，最终即可制备得到纳米 TiO_2 颗粒。纳米 TiO_2 颗粒生成的过程如图 4-6 所示。

典型的制备过程如下所述：首先，将 1mL TBOT 与 4mL 乙二醇在室温下搅拌混合均匀得到溶液 A，5mL 乙二醇与 10mL H_2O 混合均匀得到溶液 B，在冰浴环

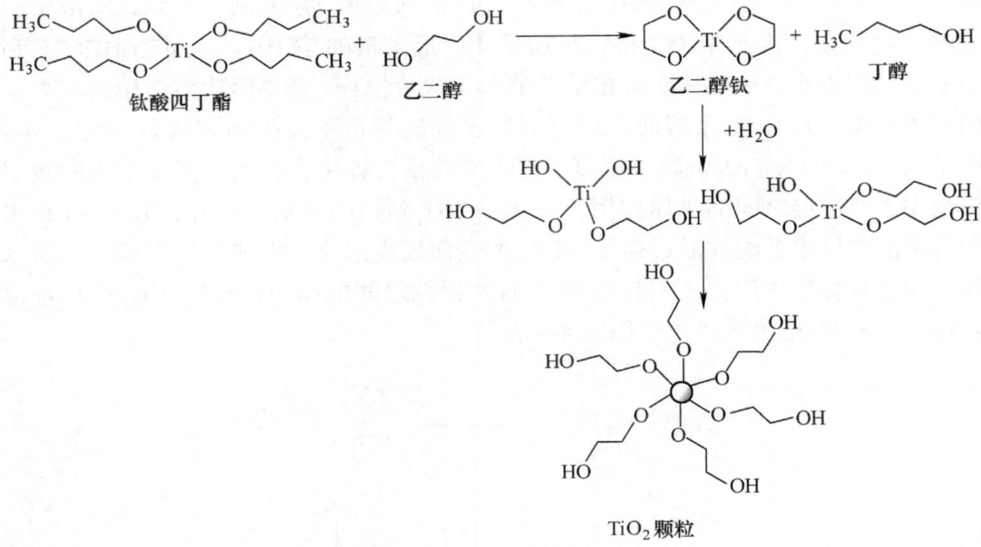

图 4-6　纳米 TiO$_2$ 颗粒生成过程示意图

境且持续搅拌状态下，将溶液 A 逐滴加入溶液 B 中得到混合溶液 C。然后，将混合溶液 C 加热至 105℃并保持 3h 以除去体系中的水；接着将反应温度调至 120℃并维持 2h 以除去钛酸正丁酯水解过程中产生的丁醇。待反应体系温度降至室温后，向反应产物中加入丙酮并将此混合液在 11000r/min 下离心 10min 以除去反应中多余的乙二醇，得到纳米 TiO$_2$ 颗粒；接着将纳米 TiO$_2$ 颗粒重新分散到水中，重复上面的离心过程 3 次，将所得 TiO$_2$ 颗粒在 30℃真空干燥，所得产物标记为 TiO$_2$-120。

4.4.1.2　传统溶胶凝胶法

反应路线及具体实验步骤见第 3 章 3.2.1 节。

4.4.2　形貌晶型比较

图 4-7 给出了 TiO$_2$-120 和 TiO$_2$-450 的 HRTEM 图，可以看到：相比于 TiO$_2$-80（如图 4-1 所示），所得产物有团聚现象出现，且 TiO$_2$-450 团聚更为明显。采用 XRD 对不同制备方法得到的 TiO$_2$（即 TiO$_2$-80、TiO$_2$-120 和 TiO$_2$-450）进行晶型分析（如图 4-8 所示）。通过与标准谱图进行对照，发现 TiO$_2$-80、TiO$_2$-120 和 TiO$_2$-450 的衍射峰均与锐钛矿型 TiO$_2$（JCPDS no. 03-065-5714）结构相吻合，表明在制备过程中通过各种手段促进钛醇盐的水解即可在低温下制备得到锐钛矿型 TiO$_2$，而采用传统抑制钛醇盐水解的方式需经高温焙烧方可得到锐钛矿型 TiO$_2$（即 TiO$_2$-450）。利用 Sherrer 公式在衍射峰（101）处对 TiO$_2$-80、TiO$_2$-120 和

TiO$_2$-450 进行粒径计算，得其平均粒径分别为 9.7nm、6.7nm 和 16nm，与各催化剂 TEM 所得结果相一致。

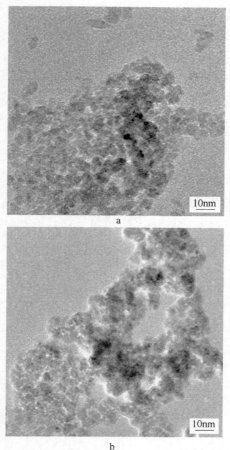

图 4-7 TiO$_2$-120（a）和 TiO$_2$-450（b）光催化剂 HRTEM 分析

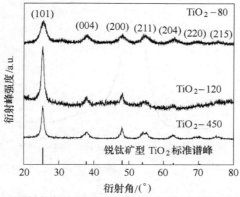

图 4-8 不同制备方法得到的纳米 TiO$_2$ 光催化剂 X 射线衍射图

通过对比三者的衍射峰，可以发现：TiO_2-450 的晶化度要高于 TiO_2-120 和 TiO_2-80，说明高温热处理有利于 TiO_2 的晶化；结合 TEM 图和 Sherrer 公式计算得到的粒径值，可知高温焙烧会造成 TiO_2 颗粒团聚，影响 TiO_2 的分散性。从 XRD 图中可以看到，TiO_2-80 虽然在低温（80℃）下制备得到，但其晶化程度也很高。与 TiO_2-450 相比，TiO_2-80 衍射峰发生了明显宽化，这是由于纳米颗粒尺寸减小引起的。对于添加表面活性剂乙二醇制备得到的 TiO_2-120 而言，其（101）面衍射峰要明显强于其他衍射峰，表明采用该制备方法得到的纳米 TiO_2 颗粒（101）面所占比例较大，说明此法适于对晶面进行控制合成。

4.4.3 表面元素比较

为了确定不同制备方法是否对所制备纳米 TiO_2 颗粒结构产生不同的影响，书中采用 XPS 对所制备的光催化剂 TiO_2-80、TiO_2-120 和 TiO_2-450 进行了表面元素价态分析，并将其与商品化 Degussa P25 进行比较，结果如图 4-9 所示。

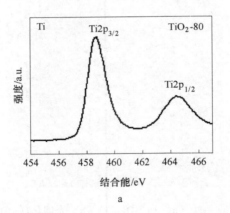

a

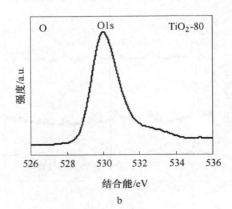

b

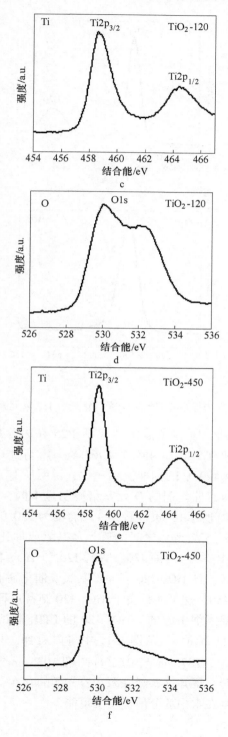

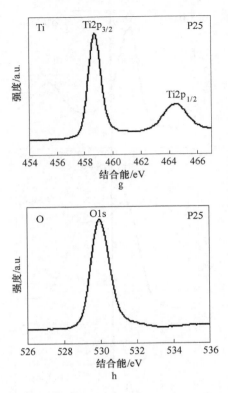

图 4-9   不同制备方法得到的纳米 TiO$_2$ 光催化剂中 Ti、O 元素的 XPS 分析结果

从图 4-9 可以看到，所有光催化剂包括 P25 在内，Ti 元素谱峰的 Ti2p$_{3/2}$（458.6 ~ 458.8eV）和 Ti2p$_{1/2}$（464.5 ~ 464.8eV）与 TiO$_2$ 中 Ti2p（Ti2p$_{3/2}$ = 458.7eV，Ti2p$_{1/2}$ = 464.6eV）的标准值相一致，说明所有光催化剂表面 Ti 以 +4 价的形式存在。但是所有催化剂的 O 元素谱峰明显不同，通过对 O 元素谱峰进行分峰拟合（如图 4-10 所示），可以看到：结合能为 530.0eV 处的 O1s 为 TiO$_2$ 中的氧，结合能在 532.2 ~ 532.5eV 之间的氧为羟基氧或催化剂上吸附水的氧。从图 4-10 中可以发现除 P25 外，TiO$_2$-80、TiO$_2$-120 和 TiO$_2$-450 表面均存在羟基氧或催化剂上吸附水的氧，且 TiO$_2$-120 表面羟基氧或催化剂上吸附水的氧量明显要高于 TiO$_2$-80 和 TiO$_2$-450，这可能是由于 TiO$_2$-120 制备过程中乙二醇不仅作为表面活性剂而且作为主要溶剂引起的，TiO$_2$-120 的 FTIR 测试结果进一步证明了羟基氧的存在（如图 4-11 所示）。从图 4-11 中可以看到，与 P25 相比，TiO$_2$-120 在 3375cm^{-1}，2941cm^{-1}，2876cm^{-1}，1625cm^{-1} 和 1075 cm^{-1} 有新峰出现，通过与乙二醇的红外谱图对照，得知这些新峰源于乙二醇的存在，表明 TiO$_2$-120 的表面存在大量的羟基，为其在水中的分散提供了可能。

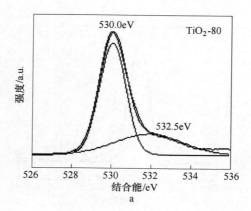

a

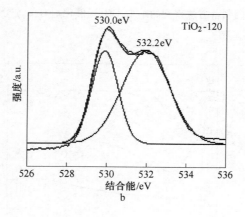

b

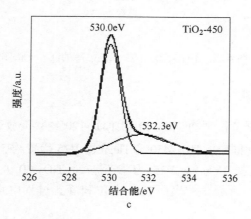

c

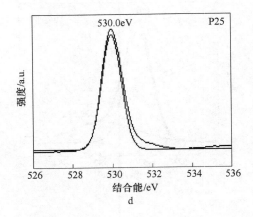

图 4-10 不同制备方法得到的纳米 TiO_2 光催化剂 O 元素分峰拟合结果

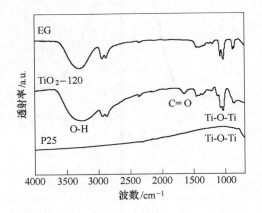

图 4-11 TiO_2-120，P25 和乙二醇的红外光谱图

4.4.4 水分散性比较

从宏观上看，制备得到的 TiO_2-80 和 TiO_2-120 经数天放置后非常稳定，未发现有沉淀生成。与此同时，TiO_2-450 和 Degussa P25 静置约 5h 后即有明显分层现象。为此本研究选择 Degussa P25 为参照，对 TiO_2-80（如图 4-4 所示）和 TiO_2-120（如图 4-12 所示）的表面 Zeta 电位和静置过程中水合粒径变化情况进行了监测。

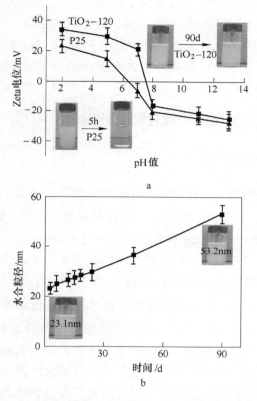

图 4-12 TiO$_2$-120 表面 Zeta 电位值（a）和水合粒径变化图（b）

　　从图中可以看到，TiO$_2$-120 的零电荷 pH 值（pH$_{pzc}$ = 7.8）高于 Degussa P25 的零电荷 pH 值（pH$_{pzc}$ = 6.2）。对于相同浓度的 TiO$_2$-120 和 Degussa P25 水溶液，5h 后 Degussa P25 完全沉降；而对于 TiO$_2$-120 而言，静置 90 天后仍然为均一溶液。从图 4-12b TiO$_2$-120 的水合粒径大小随静置时间的变化情况中，可以发现：经过 90 天的静置，TiO$_2$-120 的水合粒径由初始的 23.1nm 增大到 53.2nm，说明在静置过程中纳米颗粒之间出现了相互聚结的现象。在以乙二醇为主要溶剂和表面活性剂制备纳米 TiO$_2$ 颗粒时，纳米颗粒在溶液中的分散与否受两方面因素的影响：一是由于纳米颗粒具有高比表面能，属热力学不稳定体系，纳米颗粒之间有相互聚结而降低其表面能的趋势，这是聚结不稳定性；另一方面纳米粒子强烈的布朗运动能阻止其在重力场中的沉降，因而具有动力学稳定性。稳定的水分散纳米 TiO$_2$ 必须同时具备聚结稳定性和动力学稳定性，其中聚结稳定性更重要。对 TiO$_2$-120 而言，随着静置时间的延长，聚结不稳定性开始逐渐占据主要地位，150 天后开始有微量沉淀出现，颗粒相互聚结变大，最终使得 TiO$_2$-120 失去动力学稳定性。

对于未添加表面活性剂低温合成的 TiO_2-80 而言，其在溶液中的水分散性及稳定性是范德华力和颗粒表面双电层斥力双重作用的结果。TiO_2-80 之所以放置很长时间也不发生团聚现象，而且水合粒径变化很小，就是因为 TiO_2 吸附了正离子而产生的相互排斥力较大，范德华力的吸引作用小于双电层之间的排斥作用，阻止了纳米 TiO_2 颗粒的团聚。

4.5 水分散纳米二氧化钛光催化降解喹啉

4.5.1 活性与稳定性评价

以喹啉作为目标降解物，在喹啉初始浓度为 0.55mmol/L，TiO_2 用量为 1.5g/L，溶液 pH 值为 6.06（喹啉溶液本身 pH，未作酸碱调节）下考察了 TiO_2-80 的光催化活性。图 4-13 比较了 TiO_2-80 和商业化 P25 对喹啉的光催化降解活性。从图中可以看到，120min 内 TiO_2-80 对喹啉的降解率（94.7%）明显高于 P25（79.6%），TiO_2-80 的光催化降解速率常数（$2.33×10^{-2}min^{-1}$）约是 P25（$1.22×10^{-2}min^{-1}$）的 2 倍。许多研究者报道 P25 比传统的锐钛矿型 TiO_2 具有高的催化活性[73, 74, 178]，在本研究中，TiO_2-80 的光催化活性远高于 P25，这是因为：第一，TiO_2-80 的平均粒径为 9.7nm，远小于 P25 的粒径（30nm），纳米 TiO_2 粒径越小，其表面将会有更多的光生电子-空穴对参与氧化还原反应，同时表面光生载流子的迁移速率增加使得光生电子-空穴对更容易在催化剂表面迁移，使得光生电子-空穴复合的概率小，光致电子分离效果好，因而催化活性较高；第二，随着纳米 TiO_2 粒径的减小，TiO_2 的比表面积增大，进而使得 TiO_2 表面的活性位点增多，足量的活性位点可以促进自由基的产生从而使得 TiO_2 光催化活性提高。本研究中，TiO_2-80 BET 比表面积为 $256m^2/g$，比 P25 的比表面积（$50m^2/g$）大 4 倍，为喹啉降解反应提供了更多的表面活性位点，有利于喹啉的吸附与降解；第三，TiO_2-80 良好的水分散性保证了喹啉与 TiO_2-80 能够充分接触，使原先的 TiO_2 异相催化变为宏观的 TiO_2 均相催化，利于传质的进行，从而使得催化活性较高。

催化剂的循环使用对于 TiO_2 光催化技术的工业化应用具有很重要的作用。因此，在紫外光照射下考察了 TiO_2-80 光催化剂的重复使用性，结果如图 4-14 所示。可以看到：TiO_2-80 的活性在每次循环使用后基本不变，经离心分离回收后可被再次用于降解喹啉，经过 4 次重复使用后，TiO_2-80 对喹啉的降解率保持在 91.5%（第一次使用后降解率为 94.7%），仍高于 P25（79.6%）对喹啉的降解率，表明所制备的 TiO_2-80 光催化剂具有很好的稳定性。

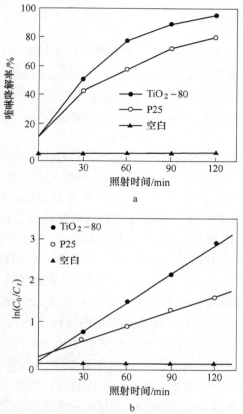

图 4-13 TiO$_2$-80 光催化降解喹啉活性评价

a—TiO$_2$-80、P25 及无催化剂情况下对喹啉的降解效率；

b—TiO$_2$-80、P25 及无催化剂情况下对喹啉光催化降解动力学

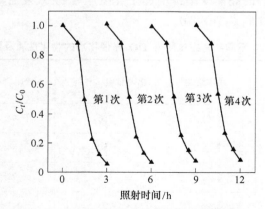

图 4-14 TiO$_2$-80 光催化降解喹啉的循环使用实验

（每次循环实验中喹啉的初始浓度为 0.55mmol/L）

4.5.2 活性与纳米结构关系

由于纳米 TiO_2 光催化剂的催化活性主要依赖于纳米 TiO_2 颗粒的晶体结构及缺陷、粒径大小、形貌等微观结构和表面化学性质，而制备方法是影响纳米 TiO_2 微观结构与物化性质的重要因素。此节考察了不同制备方法所制备得到的 TiO_2 光催化剂（见 4.4 节）的活性，探讨了催化剂的制备方法、物化性质和光催化性能之间的关系。

为了更加清晰地对比 TiO_2-80、TiO_2-120、TiO_2-450 因制备方法不同而引起的物化性质及光催化活性的变化，表 4-1 列出了各催化剂的物化性质及其光催化降解喹啉的效率。从表中可以看到：与水分散性差的 TiO_2-450 和 P25 相比，水分散性良好的 TiO_2-80 与 TiO_2-120 均具有较高的催化活性，且 TiO_2-80 对喹啉的降解效率（94.7%）高于 TiO_2-120 对喹啉的降解效率（84.5%），这与许多研究报道的"TiO_2 光催化剂的活性与尺寸成反比"相矛盾，说明在喹啉光催化降解中，存在最佳的 TiO_2 尺寸大小，这与 Almquist 等人[88]采用 TiO_2 光催化氧化降解苯酚和 Maira 等人[91, 95]采用锐钛矿型 TiO_2 对三氯乙烯进行降解过程中观察到的现象类似。在本研究中，虽然 TiO_2-120 具有更小的粒径（6.7nm）、更大的比表面积（350.5m^2/g），但其光催化降解喹啉效率低于 TiO_2-80，这可能是由于二者自身结构的不同造成的。虽然二者在制备过程中都基于"促进钛醇盐水解"的思路进行，但因采取手段不同，导致二者不论暴露晶面、表面性质还是水分散性及稳定性均有差异。这些差异最终使得 TiO_2 的结构和电子性能发生改变。在喹啉光催化降解过程中，二者表面界面电荷转移能力也会不同。虽然在纳米尺度范围内，粒径越小，电子与空穴复合概率越小，光致电荷分离效果越好，但过小的纳米粒子通常自身具有更多的晶体缺陷，增加了光生电子-空穴复合的几率，从而导致 TiO_2-120 的催化活性低于 TiO_2-80。

表 4-1 不同制备方法所得 TiO_2 光催化剂的物化性质及活性

催化剂	粒径/nm	晶体结构	比表面积/$m^2 \cdot g^{-1}$	2h 喹啉降解率/%	水分散性
TiO_2-80	9.7	锐钛矿	256	94.7	良好
TiO_2-120	6.7	锐钛矿	350	84.5	良好
TiO_2-450	16	锐钛矿	183	77.1	差
P25	30	25%金红石，75%锐钛矿	50	79.6	差

4.6 水分散纳米二氧化钛光催化降解喹啉机理

4.6.1 喹啉光催化降解中间产物及自由基物种

选取 TiO_2-80 光催化剂为研究对象,采用气相色谱-质谱法 GC/MS（Agilent7890AGC/5975 MSD,石英毛细管色谱柱柱型为 DB-5MS,30 m × 0.25mm × 0.25 μm）对 TiO_2 光催化降解喹啉过程中可能的中间产物进行监测。实验中进样量 1μL,分流比 40:1,载气（氮气）流速为 1.2mL/min,进样口温度为 200℃,柱温控制的初始温度为 40℃,保留 2min,然后以 6℃/min 升温至 280℃,保留 3min。质谱仪离子源温度为 200℃,电离能量为 70eV。在 GC/MS 测定前需要对样品进行预处理,具体步骤如下:在操作条件下,每隔一定时间停止光催化反应,收集所有溶液,经离心分离后,在酸性（pH=2）和中性（pH=7.5）条件下采用二氯甲烷（CH_2Cl_2）对所得上清液进行重复萃取（一般 3~4 次）,收集过程中所有有机相于一洁净圆底烧瓶中,加入少量无水硫酸钠（Na_2SO_4）以脱除有机相中残存的水分。采用旋转蒸发仪（Buchi Rotavapor）将有机相浓缩至 1.5mL,作为 GC/MS 分析的样品。

在本实验中,GC/MS 技术也用来对喹啉降解中出现的中间产物进行半定量。样品预处理方法同上,所不同的是首先采用旋转蒸发仪将有机溶液全部蒸干,然后将得到的固体物重新溶解于 1.5mL 含有 50mg/L 环己烷（作为内标物）的二氯甲烷溶液中,作为 GC/MS 分析的样品。

通过上述步骤对样品进行预处理后,采用 GC/MS 技术对喹啉光催化降解过程中产生的中间产物进行了监测。通过与 GC/MS 谱库进行比对,检测到了 4 种主要的中间体,分别为:2-氨基苯醛（2-aminobenzaldehyde,2AB）,2-喹诺酮（2-quinolinone,2QO）,4-喹诺酮（4-quinolinone,4QO）和 5-羟基喹啉（5-hydroxyquinoline,5HQ）。图 4-15 分别给出了喹啉降解效率为 20% 和 50% 时检测到的中间产物的量。从图中可以看到,2AB 和 4QO 的量要明显高于 2QO 和 5HQ。众所周知,TiO_2 光催化降解有机物过程中通常会涉及一种或几种活性自由基（如 ·OH,h^+,·O_2,·HO_2 等）,这些自由基在光催化降解过程中起着重要作用。其中,·OH 具有亲电子性,通常进攻具有高电子云密度的位置;而 ·O_2 具有亲核性,通常进攻具有低电子云密度的位置。对喹啉而言,由于吡啶环上氮原子的电子亲和力,使得吡啶环上的电子云密度低于苯环,因此喹啉中的苯环易于受到 ·OH 进攻,而 ·O_2 主要进攻吡啶环。结合 GC/MS 的检测结果,可以推测:在本实验条件下,喹啉的光催化降解主要通过 ·O_2 进攻吡啶环完成,而通常的 ·OH 进攻理论在本实验中并没有多大贡献。

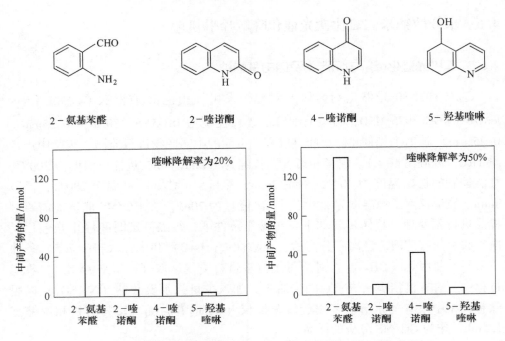

图 4-15   喹啉降解效率为 20% 和 50% 时检测到的中间产物的量

　　为了进一步证实哪种自由基在喹啉降解中起主要作用，我们通过选用合适的自由基淬灭剂淬灭某种自由基，如果哪种自由基在喹啉降解中起主要作用，那么加入相应淬灭剂后喹啉的降解将会受到抑制。在本实验中，选用甲醇（CH_3OH）淬灭·OH，碘化钾（KI，起作用的为碘离子）淬灭 h^+，叠氮化钠（NaN_3）淬灭单线态分子氧（$^1O_2$），1，4-苯醌（$C_6H_4O_2$，BQ）淬灭·O_2。采用不同自由基淬灭剂后喹啉的光催化降解率如图 4-16 所示。从图中可以看到，加入淬灭剂后，

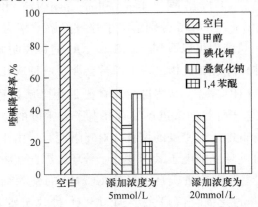

图 4-16   自由基淬灭剂对喹啉光催化降解效率的影响

喹啉的降解率均有下降，而 1，4-苯醌的加入对喹啉降解率的影响最为明显，当加入 20mmol/L 1，4-苯醌时，喹啉的降解率从原来的 91.5% 下降到 4.6%，表明 $\cdot O_2$ 在喹啉降解过程中为主要活性自由基，同时 h^+，$\cdot OH$ 和 $^1O_2$ 在降解过程中也起了一定的作用。

4.6.2 喹啉光催化降解途径

基于以上研究结果，纳米 TiO_2 光催化降解喹啉的途径可由图 4-17 表示。在紫外光照射下，电子从价带激发到导带，产生光生电子-空穴对，光生电子（e^-）与氧气反应生成 $\cdot O_2$，光生空穴（h^+）与 TiO_2 表面的 H_2O 等反应生成 $\cdot OH$。然后，$\cdot O_2$ 进攻低电子云密度的吡啶环使得喹啉的杂环开裂，而 $\cdot OH$ 通过进攻苯环形成 5HQ。在本实验中，并未检测到 8-羟基喹啉（理论上在 $\cdot OH$ 起主要作用的光催化降解中会产生），说明反应体系中 $\cdot OH$ 的数量并不是太多。因此，在喹啉的 TiO_2 光催化降解过程中，$\cdot O_2$ 比 $\cdot OH$ 的贡献更大。

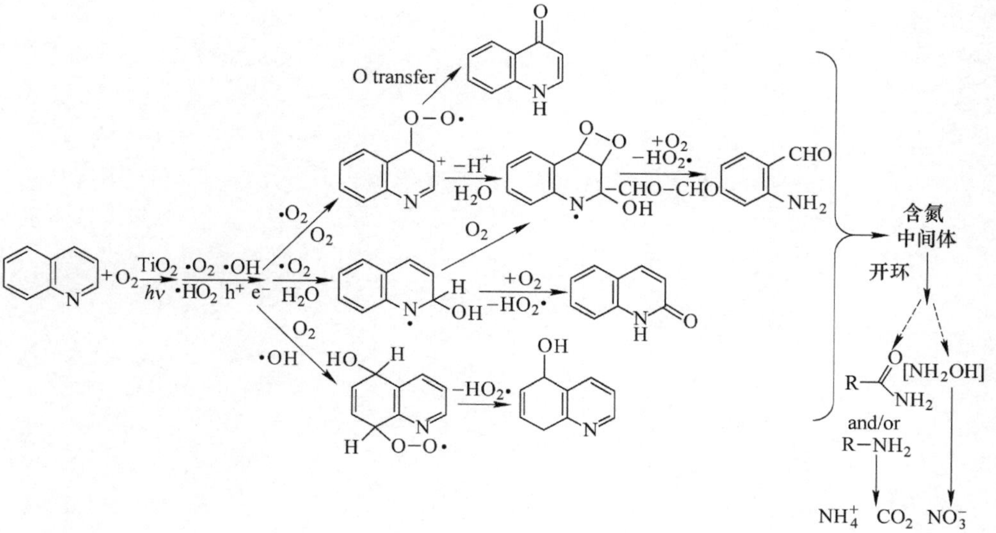

图 4-17 TiO_2 光催化降解喹啉机理

4.7 本章小结

以静电位阻理论为指导，在不添加表面活性剂的情况下低温（80℃）制备得到水分散纯纳米 TiO_2 颗粒。主要结论包括以下几点：

（1）以促进钛醇盐水解的思路为引导，建立了以水为主要溶剂的水解-缩聚反应，在不添加表面活性剂的情况下低温成功制备得到表面 Zeta 电位约 40mV，粒径为 (9.8±0.6)nm 的高水分散锐钛矿型纳米 TiO_2。

（2）TiO$_2$-80 的高水分散性源于其表面形成的双电层，该双电子层之间具有的斥力大于颗粒之间的范德华力，从而使得其在水中能够稳定分散。

（3）制备方法的不同会影响纳米 TiO$_2$ 的表面特性，进而对纳米 TiO$_2$ 的水分散性产生影响。

（4）制备方法的不同导致催化剂物化性质的差异，进而影响纳米 TiO$_2$ 光催化剂的活性。

（5）TiO$_2$ 以·O$_2$ 为主要活性自由基物种光催化降解喹啉，而非通常认为的"有机物降解一般以·OH 为主要自由基"。

5 磁性纳米 Fe_3O_4 颗粒的可控制备

5.1 引言

从第 4 章的研究我们知道：水分散性良好且高活性的 TiO_2-80 对喹啉的光催化降解具有很好的催化活性，但由于其在水中的高度分散性，TiO_2-80 在完成催化使命后，需要在高速（11000r/min）离心情况下才能进行分离回收再利用，给实际工业化应用带来了相当的困难。因此，如何使水分散性 TiO_2-80 在具有粉末 TiO_2 巨大比表面积的同时又具有负载型 TiO_2 易分离回收的特点是 TiO_2 光催化应用的关键技术之一。

利用磁场对以上催化剂进行分离回收将为该问题的解决提供一种新思路。其基本思想是：以超顺磁性的纳米颗粒为载体，将 TiO_2 负载于其表面，构成具有超顺磁特点的新型纳米催化剂。与传统催化剂相比，此种新型催化剂不仅尺寸处于纳米级，而且容易被外加磁场分离，从而解决了水分散性 TiO_2 光催化剂存在的分离回收问题。此外，由于该新型催化剂具有超顺磁特性，即如果有一外部磁场，纳米颗粒将被"吸"到（进）磁场（至壁）。如果将外部磁场关闭，纳米粒子将重新分散到溶液中，如同什么都没发生，因此不会出现纳米颗粒间因磁性相互吸引而导致的团聚现象。

现今磁性纳米四氧化三铁（Fe_3O_4）由于其特有的物理化学性质广泛应用于生物医学、环境、催化、分析等领域。本研究利用纳米 Fe_3O_4 颗粒具有的巨大比表面积和良好的分离回收性能，将其作为 TiO_2 光催化剂的载体，用以解决水分散性 TiO_2 难以分离回收的问题，使制备的复合 TiO_2 光催化剂既有良好的光催化活性，同时通过外加磁场很容易实现催化剂的回收。要实现这个目标，首先必须制备出分散性好、比表面积大、具有超顺磁性的纳米 Fe_3O_4 颗粒。目前该方面的研究重点主要涉及：一是如何拓宽纳米 Fe_3O_4 颗粒自身的应用领域以及根据需要调控其形貌、尺寸和分散性；二是如何对 Fe_3O_4 表面进行修饰。

本章通过高温热解羧酸盐结合相转移的方法和一步反向沉淀法制备出分散性好、形貌粒径可控、表面官能团可调的化学性质和晶型稳定具有超顺磁性的纳米 Fe_3O_4 颗粒[63, 179]，并对其进行了表征。水分散性的纳米 Fe_3O_4 颗粒不仅在催化剂分离回收方面有重要作用，而且由于对纳米 Fe_3O_4 颗粒表面官能团进行了可控合成，对其在核酸分析、临床诊断、靶向药物、酶固定化等方面的应用也具有极大的推动作用。

5.2   高温热解羧酸盐法制备纳米 Fe₃O₄颗粒

5.2.1   纳米 Fe₃O₄颗粒形成机理

有机相中分散的纳米 Fe₃O₄颗粒的形成过程可由图 5-1 表示。实验中，以十八烷烯（Octadecene，ODE）为溶剂，FeO(OH) 和油酸（Oleic acid，OA）在反应过程中先形成中间产物油酸铁，在 320℃高温反应下最终生成纳米 Fe₃O₄颗粒。

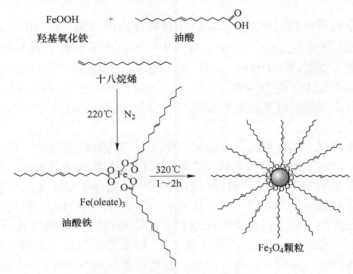

图 5-1   纳米 Fe₃O₄颗粒形成机理

5.2.2   纳米 Fe₃O₄颗粒粒径调控

纳米 Fe₃O₄颗粒的粒径可通过反应时间或反应产物的摩尔比进行调控。实验中发现，随着反应时间的延长纳米 Fe₃O₄颗粒的粒径增大，例如，当 OA 与FeO(OH) 摩尔比为 4，反应时间分别为 30min，45min 和 60min 时，相应的 Fe₃O₄颗粒粒径为（6±0.2)nm，（7.3±0.1)nm 和（10.3±0.2)nm（如图 5-2a 所示），继续延长反应时间，纳米 Fe₃O₄颗粒的粒径保持不变，这可能是由于 Ostwald 熟化。另一方面，通过改变初始 OA 的量也可调控纳米 Fe₃O₄颗粒的粒径。图 5-2b 给出了在不同 OA 浓度下，经 320℃反应 60min 后得到的纳米 Fe₃O₄颗粒粒径变化图。当 OA 与 FeO(OH) 的摩尔比从 3 增大到 7 时，相应的纳米 Fe₃O₄颗粒粒径由（7.2±0.2)nm 增至（26.1±0.6)nm。这是因为随着 OA 用量的增多，Fe₃O₄成核速率减慢，同时由于溶液中存在大量可用的 OA，Fe₃O₄生长速率加快，最终导致更大颗粒的生成，Yu 等人在 CdS 量子点的合成中也发现了相似的规律[180]。当 OA 与

FeO(OH) 的摩尔比超过 10 时，在实验中未观察到有纳米 Fe$_3$O$_4$颗粒形成，这是因为过多的 OA 抑制了 Fe$_3$O$_4$核的生成。

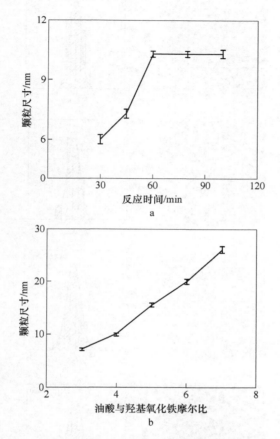

图 5-2 纳米 Fe$_3$O$_4$颗粒尺寸的影响因素

a—反应时间对纳米 Fe$_3$O$_4$颗粒尺寸的影响；

b—OA 与 FeO(OH) 摩尔比对纳米 Fe$_3$O$_4$颗粒尺寸的影响

依据上面的规律，我们合成了一系列不同粒径纳米 Fe$_3$O$_4$颗粒，其相应的 TEM 及粒径分布图如图 5-3 所示。

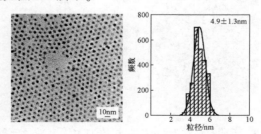

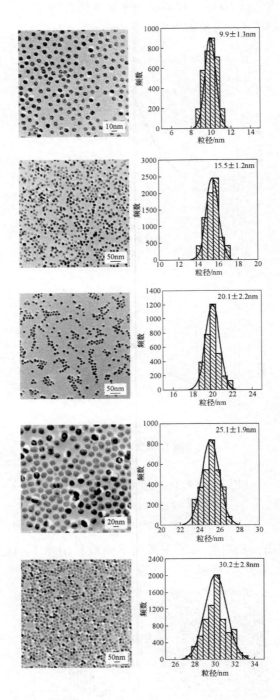

图 5-3 不同粒径纳米 Fe_3O_4颗粒的 TEM 及其粒径分布图

同时我们采用 XRD 对生成的纳米 Fe₃O₄颗粒进行晶型分析（以 10nm Fe₃O₄颗粒为例进行说明）。图 5-4 给出了 10nm Fe₃O₄颗粒的 XRD 图谱。从图中可以看到，所制备的 Fe₃O₄颗粒与反尖晶石 Fe₃O₄（JCPDS no. 019-0629）的结构相吻合，利用 Scherrer 公式在衍射峰（311）处对 Fe₃O₄进行粒径计算，得到其平均粒径为 9.7nm，与 TEM 得到的结果（9.9±1.3nm）相一致。

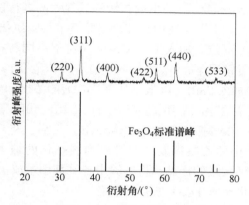

图 5-4　10nm Fe₃O₄颗粒的 X 射线衍射图

5.3　相转移法制备水分散纳米 Fe₃O₄颗粒

由于纳米 Fe₃O₄颗粒在使用过程中均需要其表面具有高度的亲水性，采用高温热解羧酸盐法制备的纳米 Fe₃O₄颗粒需要通过进一步的相转移操作方可进行应用。本节通过选用不同的相转移剂制备得到了带有不同表面官能团（—NH₂、—COOH）的纳米 Fe₃O₄颗粒，为其后期应用提供样品。

5.3.1　水分散纳米 Fe₃O₄颗粒制备方法

5.3.1.1　羧基化纳米 Fe₃O₄颗粒的制备

表面羧基化的纳米 Fe₃O₄颗粒可通过采用 PMAO-PEG 或 OA 作为相转移剂而制得，具体过程如下：

（1）PMAO-PEG 作为相转移剂。首先，配制 PMAO-PEG 溶液。向 50μmol/L 的 PMAO 氯仿溶液中加入一定量的 FS-NH₂，使得 n（PMAO）：n（FS-NH₂）= 1：200，然后将所得混合溶液在室温下搅拌 24h，得到 PMAO-PEG 溶液，备用。取一定量的 Fe₃O₄氯仿溶液将其与 PMAO-PEG 溶液（一般保持 n（OF nanoparticle）：n（PMAO-PEG）= 1：300~500）在室温下搅拌 1h，接着加入 50mL 的超纯水，使其充分混匀。以干冰作为氯仿捕获剂，通过旋转蒸发仪将氯仿逐渐蒸出，得到黑色透明溶液。采用超离心机（41000r/min，20℃，2h）对所得黑色溶液进行离心纯化除去多余的 PMAO-PEG，该过程重复 2~3 次。最后将所得样品重新分散于水中，所得纳米 Fe₃O₄ 颗粒的浓度采用电感耦合等离子发射光谱（Inductively coupled plasma，ICP）进行测定，样品记做"粒径 FS-COOH"，如"5nm FS-COOH 表示采用 FS-NH₂ 对 5nm Fe₃O₄ 颗粒进行相转移得到的样品"。

（2）OA 作为相转移剂。以 10nm、10.6mg/mL 有机相纳米 Fe₃O₄ 颗粒（Fe₃O₄ 粒子浓度为 6.5μmol/L）的小量相转移过程为例进行说明。首先取 100μL 分散于氯仿中的 Fe₃O₄ 置于一小瓶内，在真空状态下移除氯仿；然后加入 1mL 乙醚重新分散纳米 Fe₃O₄ 颗粒，加入 1~5μL OA（对于不同粒径、不同 Fe₃O₄ 浓度所需 OA 量不同。通常情况下，OA 的加入量有一最佳范围），振荡混合均匀得到溶液 A。向溶液 A 中加入 2mL（以最终所需 Fe₃O₄ 的浓度而定）pH 值为 9 的缓冲溶液，将所得混合溶液用超声探针（UP 50H probe sonciator from DR. HIELSCHER）在 100% 振幅下进行超声 2min。最后，将超声得到的溶液在室温下继续搅拌使溶液中的乙醚挥发，即可得到羧基化的纳米 Fe₃O₄ 颗粒（记做 Fe₃O₄-OA）。若想得到大量的样品，将实验中各试剂用量成倍增加即可。

5.3.1.2　氨基化纳米 Fe₃O₄ 颗粒的制备

表面氨基化的纳米 Fe₃O₄ 颗粒可通过采用 PMAO-PEG 或 PEI 作为相转移剂而制得，具体过程如下：

（1）PMAO-PEG 作为相转移剂。首先，配制 PMAO-PEG 溶液。向 10μmol/L 的 PMAO 氯仿溶液中加入一定量的 NH₂-PEG-NH₂（根据需要可选择不同分子量的 NH₂-PEG-NH₂，从而得到不同链长度的氨基化纳米 Fe₃O₄ 颗粒），使得 n(PMAO)：n(NH₂-PEG-NH₂) = 1：200，然后将所得混合溶液在室温下搅拌 24h，得到 PMAO-PEG 溶液，备用。取一定量的 Fe₃O₄ 氯仿溶液将其与 PMAO-PEG 溶液（一般保持 n(OF nanoparticle)：n(PMAO-PEG) = 1：300~500，对于长链 NH₂-PEG-NH₂，该摩尔比可降至 1：100~200）在室温下搅拌 1h，接着加入 50mL 的超纯水，使其充分混匀。以干冰作为氯仿捕获剂，通过旋转蒸发仪将氯仿逐渐蒸出，得到黑色透明溶液。采用超离心机（41000r/min，20℃，2h）对所得黑色溶液进行离心纯化除去多余的 PMAO-PEG，该过程重复 2~3 次。最后，将所得样品重新分散于水中，所得纳米 Fe₃O₄ 颗粒的浓度采用电感耦合等离子发射光谱（Inductively coupled plasma，ICP）进行测定，样品记做"粒径 FS（M \ L \ I \ E）-NH₂"，例如，5nm FM-NH₂ 表示采用 NH₂-FM-NH₂ 对 5nm Fe₃O₄ 颗粒进行相转移得到的样品。

（2）PEI 作为相转移剂。将一定浓度的 PEI 氯仿溶液与一定量分散于氯仿中的纳米 Fe₃O₄ 颗粒充分混匀（控制 n(Fe₃O₄ nanoparticle)：n(PEI) = 1：250~300）并搅拌 24h；然后加入一定量的水，继续搅拌 1~2 h，此时便会发生相转移，静置分层后，收集上层液体；继续往下层液体中加入一定量的水，重复 2~3

次。将收集所得到的上层溶液采用超离心机（41000r/min，20℃，2h）进行离心纯化除去过量的 PEI，重复 2 次，最后将所得样品重新分散于一定量的水中（所得样品标记为 Fe$_3$O$_4$-PEI），样品浓度采用电感耦合等离子发射光谱（Inductively coupled plasma，ICP）进行测定。

5.3.2　水分散纳米 Fe$_3$O$_4$颗粒形成机理

采用不同的相转移剂，我们可以得到羧基化或氨基化的纳米 Fe$_3$O$_4$颗粒。当采用单氨基 PEG（如 FS-NH$_2$，MW = 105.1，购买于 Alfa Aesar 公司）或双氨基 PEG（如 NH$_2$-FS-NH$_2$，MW = 148.2；NH$_2$-FM-NH$_2$，MW = 1000；NH$_2$-FL-NH$_2$，MW = 2000；NH$_2$-FI-NH$_2$，MW = 6000；NH$_2$-FE-NH$_2$，MW = 10000；购买于 RAPP Polymere 公司）进行相转移时，其基本原理如图 5-5 所示。首先，PMAO

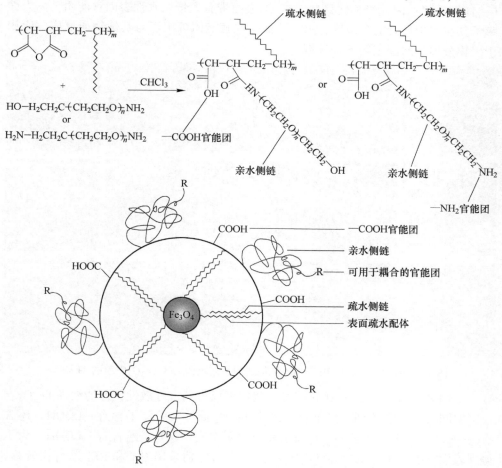

图 5-5　PMAO-PEG 生成及水分散性纳米 Fe$_3$O$_4$颗粒形成机理

在氯仿溶液中通过水解与 PEG 发生反应，生成 PMAO-PEG 高分子化合物，然后与表面被 OA 包覆的 Fe$_3$O$_4$ 颗粒进行反应，最终得到带有不同官能团的水分散性纳米 Fe$_3$O$_4$ 颗粒。图 5-6 给出了所得水分散性纳米 Fe$_3$O$_4$ 颗粒的 TEM 照片，可以看到，经相转移后，纳米 Fe$_3$O$_4$ 颗粒的形貌及粒径分布等均未受到影响。以 NH$_2$—FS—NH$_2$ 作为相转移剂对 15nm 的 Fe$_3$O$_4$ 颗粒进行水相转移为例，图 5-7 给出了相转移前后纳米 Fe$_3$O$_4$ 颗粒的 FTIR 谱图。从图中我们可以看到，对有机相中的纳米 Fe$_3$O$_4$ 颗粒而言，只有典型的 Fe—O（约 750cm^{-1}）峰存在，说明此时纳米 Fe$_3$O$_4$ 颗粒表面被 OA 包覆，无官能团存在。采用 PMAO-PEG 进行相转移后，与 PMAO 及 PMAO-PEG 红外光谱相比，可以看到：纳米 Fe$_3$O$_4$ 颗粒表面发生了变化，其中，3305cm^{-1} 属—NH$_2$ 振动峰，2830cm^{-1}、2905cm^{-1} 属—COH、—CH$_2$ 振动峰，1552cm^{-1}、1450cm^{-1} 为—COO$^-$ 的对称与反对称振动峰，1117cm^{-1} 为 C—H 振动峰。因此经相转移后，Fe$_3$O$_4$ 表面带有大量亲水性表面官能团，一方面赋予其在水中良好的分散性，另一方面这些官能团可用于与其他物质反应，应用于生物分离、酶固定等各个领域。

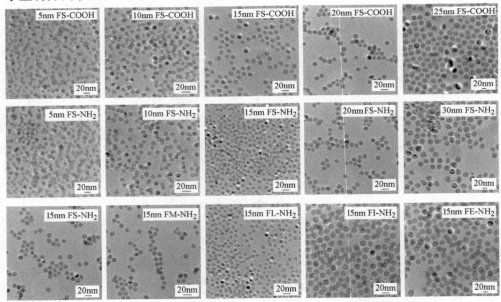

图 5-6　采用不同链长 PEG 相转移得到的不同粒径纳米 Fe$_3$O$_4$ 颗粒的 TEM 图

采用 PMAO-PEG 进行相转移时，我们可以得到水分散性良好的纳米 Fe$_3$O$_4$ 颗粒，但同时我们注意到：羧基化的纳米 Fe$_3$O$_4$ 颗粒表面除了含有—COOH，还含有—OH；氨基化的纳米 Fe$_3$O$_4$ 颗粒表面除了含有—NH$_2$，还含有—COOH；为了得到表面官能团单一的纳米 Fe$_3$O$_4$ 颗粒，我们分别采用 OA 和 PEI 进行相转移，其形成机理分别如图 5-8 和图 5-9 所示。

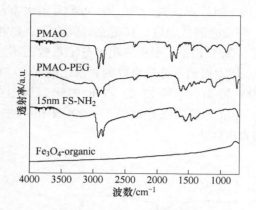

图 5-7　相转移前后纳米 Fe₃O₄颗粒 FTIR 谱图比较

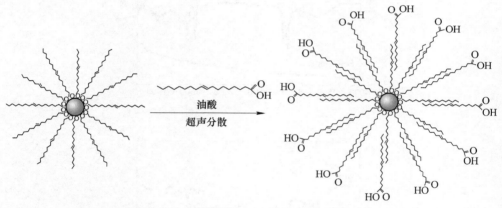

图 5-8　水分散性纳米 Fe₃O₄-OA 颗粒形成机理

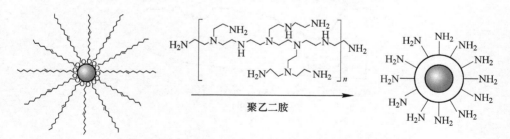

图 5-9　水分散性纳米 Fe₃O₄-PEI 颗粒形成机理

从图中我们可以看到，二者具有不同的形成机理。对于纳米 Fe₃O₄-OA 而言，在超声作用下，OA 的长链烷烃部分与有机相中纳米 Fe₃O₄颗粒表面包覆的长链烷烃部分基于相似相容原理结合在一起，使得 OA 末端的—COOH 伸展在水中，由于—COOH 的亲水性，最终即可得到水分散良好的羧基化纳米 Fe₃O₄—OA 颗粒。在纳米 Fe$_3$O$_4$—PEI 颗粒形成过程中，因 PEI 为亲水亲油性高分子聚合物，具有巨大的表面积，经长时间接触后，其可充分吸附于有机相中纳米 Fe$_3$O$_4$ 颗粒表面，此时加入水后，基于 PEI 在水相油相中分配系数的不同，PEI 将携带纳米 Fe$_3$O$_4$ 颗粒进入水相，从而得到水分散良好的氨基化纳米 Fe$_3$O$_4$—PEI 颗粒。图 5-10 给出了 Fe$_3$O$_4$—OA 和 Fe$_3$O$_4$—PEI 的 FTIR 图谱。从图中可以看到，纳米 Fe$_3$O$_4$—OA 和 Fe$_3$O$_4$—PEI 颗粒表面分别含有—COOH 和—NH$_2$，进一步证实了所得纳米 Fe$_3$O$_4$ 颗粒的表面性质。

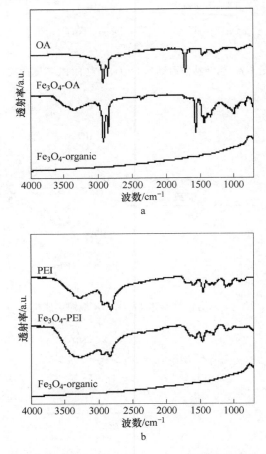

图 5-10　纳米 Fe$_3$O$_4$-OA 和 Fe$_3$O$_4$-PEI 颗粒的红外图谱

5.3.3　水分散纳米 Fe$_3$O$_4$ 颗粒的磁性能评价

为了评价所制备水分散纳米 Fe$_3$O$_4$ 颗粒对外加磁场的响应性，我们采用超导量子干涉磁量仪（Superconducting quantum interference device，SQUID）对所制备

纳米 Fe_3O_4 颗粒（以 15nm Fe_3O_4 颗粒为例）的磁性能进行测试，测试温度为 25℃，磁场区域为 -50~50kOe。表 5-1 给出了室温下 Fe_3O_4—organic，FS—NH_2，FS—COOH，Fe_3O_4—OA 和 Fe_3O_4—PEI 的饱和磁化强度（M_s）。可以看到：室温下所制备的所有纳米 Fe_3O_4 颗粒均具有超顺磁性，且有机相分散的纳米 Fe_3O_4 颗粒采用不同相转移剂进行相转移后，饱和磁化强度均有不同程度的下降。这与研究者用聚甲基丙烯酸[181]和聚丙烯酸[182]修饰 Fe_3O_4 颗粒时观察到的实验现象相似。Yoon 等人[183]报道纳米 Fe_3O_4 颗粒的磁性能与其颗粒大小、表面性质紧密相关。此处我们选用的 Fe_3O_4 颗粒均为 15nm，因此饱和磁化强度的降低主要归因于不同相转移剂自身性质差异引起的纳米 Fe_3O_4 颗粒表面性质的不同。

表 5-1　不同相转移剂制备得到的纳米 Fe_3O_4 颗粒的饱和磁化强度

催化剂	Fe_3O_4—organic	FS—NH_2	FS—COOH	Fe_3O_4—OA	Fe_3O_4—PEI
饱和磁化强度 /emu·g^{-1}	53.0	51.4	51.5	52.4	51.9

5.4　一步反向沉淀法制备水分散纳米 Fe₃O₄ 颗粒

5.4.1　制备方法

采用相转移法我们可制备得到表面官能团可控、尺寸可控且单分散性的纳米 Fe_3O_4 颗粒；但考虑到制备过程的复杂性及药品的价格，我们尝试在水相中直接制备水分散性的纳米 Fe_3O_4 颗粒。针对传统共沉淀法制备得到的纳米 Fe_3O_4 颗粒结晶度差、分散不均匀、易团聚等特点[184, 185]，我们提出采用反向沉淀法在柠檬酸钠参与的条件下制备羧基化的磁性纳米 Fe_3O_4 颗粒[186, 187]。在该方法中，改变传统添料顺序，将金属盐类滴加到碱性溶液中以保证反应过程体系的均一性。具体操作步骤如下：首先将 0.83mL、0.5mol/L 的 KNO_3 溶液滴加到 100mL、0.1mol/L 的 KOH 溶液中，在氮气保护下搅拌 30min 得到溶液 A；然后将 200mL 含有 25mmol/L $FeSO_4$·$7H_2O$ 和一定浓度 $C_6H_5O_7Na_3$·$2H_2O$ 的溶液在搅拌状态（转速 600r/min）下滴加到溶液 A 中。该混合溶液在室温下搅拌 1h 后得到黑色溶液，然后将反应体系温度设为 90℃并在该温度下维持 5h。整个反应在氮气保护下进行以避免空气的氧化作用（在该反应中，KNO_3 为氧化剂）。待反应体系冷却到室温后，加入丙酮将纳米 Fe_3O_4 颗粒析出以除去多余的 $C_6H_5O_7Na_3$·$2H_2O$，制备的纳米 Fe_3O_4 颗粒采用磁铁收集并在 30℃下真空干燥，最后将得到的粉末重新分散到超纯水中，待用。制备过程中，$C_6H_5O_7Na_3$·$2H_2O$ 用量为 0mmol/L，25mmol/L，75mmol/L，100mmol/L 和 125mmol/L 时得到的纳米 Fe_3O_4 颗粒分别记做 NP-0，NP-25，NP-50，NP-75，NP-100 和 NP-125。

5.4.2 水分散性纳米 Fe₃O₄颗粒粒径调控

在柠檬酸钠（$C_6H_5O_7Na_3 \cdot 2H_2O$）参与下，以 KNO_3为氧化剂，通过一步反相沉淀法我们成功制备了高水分散性羧基化的纳米 Fe_3O_4颗粒。图 5-11 给出了不同柠檬酸钠浓度下制备得到的纳米 Fe_3O_4颗粒的 TEM 图片。当未添加柠檬酸钠（如图 5-11a 所示）时，所制备的纳米 Fe_3O_4颗粒粒径较大（30±8.6nm）而且粒径

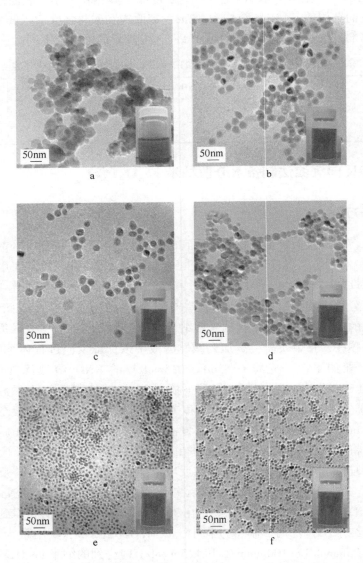

图 5-11 不同柠檬酸钠浓度下制备得到的纳米 Fe₃O₄颗粒的 TEM 图片

分布很宽，从图 5-11a 右下角插图可以看到，纳米 Fe_3O_4 在经过 3h 静置后有明显沉淀，这主要是因为纳米粒子的高比表面能引起的。随着柠檬酸钠的加入，得到了单分散性且水溶性良好的纳米 Fe_3O_4 颗粒，其尺寸大小可通过控制柠檬酸钠的用量进行调节。图 5-11b~f 给出了不同柠檬酸钠用量下制备得到的纳米 Fe_3O_4 颗粒的 TEM 图。当柠檬酸钠浓度从 25mmol/L 增至 125mmol/L 时，纳米 Fe_3O_4 颗粒的粒径从（27±3.8）nm 降至（4.8±1.9）nm。

柠檬酸钠是一种具有强配位能力的螯合物，它可以与缺电子的铁离子配位形成稳定的复合物，该复合物的形成减少了溶液中自由铁离子的量，从而使得纳米粒子的生长速率减慢，而快速成核慢速生长对生成单分散性的球形纳米颗粒至关重要[188]。在一步反相沉淀法中，初始的 KOH 溶液为 Fe^{2+} 的完全水解提供了碱性环境（可用反应式(5-1)~式(5-4) 表示），因此粒子的成核和生长速率相对较快，加入柠檬酸钠后，柠檬酸钠上的羧基会与 Fe^{2+} 相互配位。随着柠檬酸钠用量的增加，与 Fe^{2+} 相互配位的羧基量增加，使得溶液中自由存在的 Fe^{2+} 量减少，导致粒子生长速率下降，最终使得纳米粒子的尺寸分布变窄。另一方面，加入柠檬酸钠后，柠檬酸钠上的一些羧基会键合在已生成的纳米 Fe_3O_4 颗粒表面，而另一些未配位的羧基则伸展入溶液中，赋予制备的纳米粒子很好的水分散性（如图 5-12 所示）。在此过程中，纳米 Fe_3O_4 颗粒表面带负电荷，因此相邻粒子之间存在静电排斥力，阻止了纳米颗粒之间的团聚。随着柠檬酸钠浓度的增加，静电斥力增强，使得纳米 Fe_3O_4 颗粒的水分散性更好。

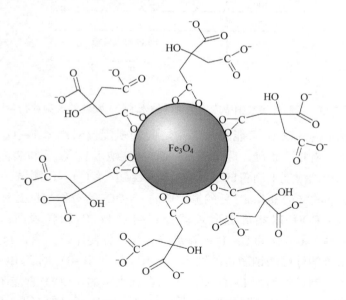

图 5-12　水分散性纳米 Fe_3O_4 颗粒示意图

$$Fe^{2+} + 2OH^- \longrightarrow Fe(OH)_2 \tag{5-1}$$

$$3Fe(OH)_2 + NO_3^- \longrightarrow Fe_3O_4 + NO_2^- + 3H_2O \tag{5-2}$$

$$3Fe(OH)_2 + NO_2^- \longrightarrow Fe_3O_4 + NO + 2H_2O + 2OH^- \tag{5-3}$$

$$3Fe(OH)_2 + 2NO \longrightarrow 5Fe_3O_4 + 2NH_3 + 12H_2O \tag{5-4}$$

式（5-2）+式（5-3）+式（5-4），得到总反应的方程式为：

$$12Fe(OH)_2 + NO_3^- \longrightarrow 4Fe_3O_4 + NH_3 + 10H_2O + OH^- \tag{5-5}$$

采用 XRD 对制备的纳米 Fe_3O_4 颗粒的晶型进行分析。图 5-13 给出了不同柠檬酸钠用量下所得纳米 Fe_3O_4 颗粒的 X 射线衍射图。从图中可以看到，所制备的 Fe_3O_4 颗粒与反尖晶石 Fe_3O_4（JCPDS no. 019-0629）的结构相吻合。利用 Scherrer 公式在衍射峰（311）处对 Fe_3O_4 进行粒径计算，当柠檬酸钠浓度从 0 增加到 25mmol/L 再到 125mmol/L 时，纳米 Fe_3O_4 颗粒的粒径从 34.3nm 降低至 24.7nm 再到 5.4nm，该结果与 TEM 所得结果一致。

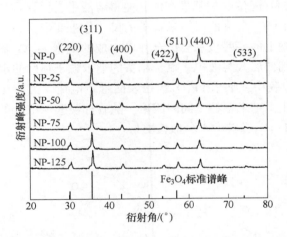

图 5-13　不同柠檬酸钠浓度下制备的纳米 Fe_3O_4 颗粒的 X 射线衍射图

柠檬酸钠中的—COO^-官能团与 Fe^{2+} 之间的强配位对纳米 Fe_3O_4 颗粒表面柠檬酸钠的包覆具有重要贡献。为了测试—COO^-在纳米 Fe_3O_4 颗粒表面的吸附，我们对不同柠檬酸钠浓度下制备的纳米 Fe_3O_4 颗粒进行了 FTIR 测试，结果如图 5-14 所示。1589cm^{-1} 与 1381cm^{-1} 处的振动峰属—COO^-的对称与反对称振动，表明柠檬酸钠通过—COO^-以共价键形式键合到纳米 Fe_3O_4 颗粒表面；1083cm^{-1} 与 3430cm^{-1} 处的峰为 C—H 和 O—H 的振动峰。为了方便比较，图 5-14 也给出了纯柠檬酸钠和未添加柠檬酸钠制备的纳米 Fe_3O_4 颗粒（NP-0）的 FTIR，通过比较，我们可以看到在制备的纳米 Fe_3O_4 颗粒表面存在大量的—COO^-官能团。

图 5-15 给出了不同柠檬酸钠浓度下制备的纳米 Fe_3O_4 颗粒的 Zeta 电位随 pH 值的变化规律。在 pH 值为 5～10 范围内，NP-25、NP-50、NP-75、NP-100 和

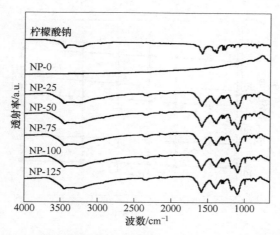

图 5-14 不同柠檬酸钠浓度下制备的纳米 Fe₃O₄颗粒的 FTIR 图谱

NP-125 表面均带负电荷。例如：pH 值为 7 时，当柠檬酸钠浓度从 25mmol/L 增加至 125mmol/L 时，其 Zeta 电位值从 −35.3mV 变为 −49.4mV，这赋予了纳米 Fe₃O₄颗粒稳定的水分散性（如图 5-11b ~ f 右下角插图）。纳米 Fe₃O₄颗粒的水力学粒径随时间的变化进一步证实了所制备纳米 Fe₃O₄颗粒的稳定性（如图 5-16 所示）。从图中可以看到，在柠檬酸钠存在下制备得到的纳米 Fe₃O₄颗粒在经过 50 天放置后其水力学半径基本保持不变，如经 50 天放置后，NP-125 的水力学粒径从 （11.3±2.4）nm 变至 （12.8±2.3）nm，表明所制备的纳米 Fe₃O₄颗粒具有稳定的水分散性。

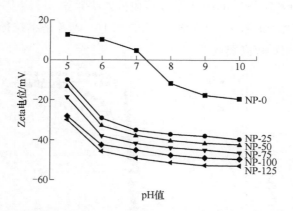

图 5-15 不同柠檬酸钠浓度下制备的纳米 Fe₃O₄颗粒 Zeta 电位随 pH 值的变化规律

5.4.3 纳米 Fe₃O₄颗粒的磁性能评价

在实际应用中，我们希望所制备的纳米 Fe₃O₄颗粒具有超顺磁性。为了评价

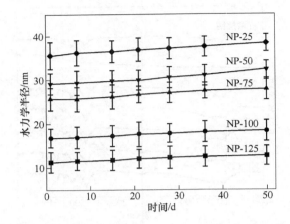

图 5-16　不同柠檬酸钠浓度下制备的纳米 Fe₃O₄ 颗粒的水力学半径变化规律

所制备纳米 Fe₃O₄ 颗粒对外加磁场的响应能力，我们采用 SQUID 对纳米 Fe₃O₄ 颗粒的饱和磁化强度（M_s）进行了测定。图 5-17 给出了 NP-25（27±3.8）nm、NP-75（18±2.9）nm 和 NP-125（4.8±1.9）nm 在室温下的磁化曲线。从图中可以看到，在室温下 NP-25、NP-75 和 NP-125 均具有超顺磁性。其饱和磁化强度分别为 55.75emu/g，50.27emu/g 和 47.76emu/g，表明随着柠檬酸钠用量的增大，纳米 Fe₃O₄ 颗粒的饱和磁化强度也相应降低，这与研究者用葡萄糖酸[185]、聚丙烯酸[182] 和聚甲基丙烯酸[181] 修饰 Fe₃O₄ 颗粒时观察到的实验现象相似。Yoon 等人[183] 报道纳米 Fe₃O₄ 颗粒的磁性能与其颗粒大小紧密相关。因此，降低的饱和磁化强度可能是由于纳米 Fe₃O₄ 颗粒粒径的减小，或者是小粒径纳米 Fe₃O₄ 颗粒中柠檬酸钠含量相对较高引起的。

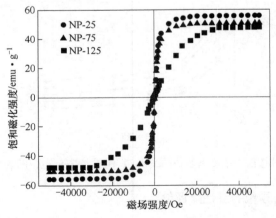

图 5-17　不同柠檬酸钠浓度下制备的纳米 Fe₃O₄ 颗粒的磁化曲线

5.5 本章小结

采用高温热解羧酸盐的方法制备得到在有机相中分散的粒径形貌可控的纳米 Fe_3O_4 颗粒。

采用不同的相转移剂,成功制备了一系列水分散性好、形貌粒径可控、表面官能团可调的化学性质和晶型稳定的纳米 Fe_3O_4 颗粒。

采用一步反向沉淀法制备得到了羧基化的纳米 Fe_3O_4 颗粒,通过调节过程中柠檬酸钠的用量可调控纳米 Fe_3O_4 颗粒的粒径。该方法所用原料便宜易得、无污染,是一种环境友好的制备水分散性纳米 Fe_3O_4 颗粒的方法。

6 水分散磁载 TiO₂ 光催化剂的设计、制备及催化性能

6.1 引言

纳米 TiO_2 光催化氧化技术作为一种新型的环境有机污染物削减技术已经引起了人们的普遍关注。光催化剂是光催化过程的关键部分,在制备纳米光催化剂的过程中,一方面希望减小纳米颗粒尺寸提高比表面积,获得更高的光催化活性;另一方面小颗粒在开放的非均相反应体系中,必须考虑催化剂的回收问题。纳米光催化剂若直接应用,在液相悬浮体系中小颗粒的分离是一个复杂的过程,耗能费时,而且颗粒容易团聚,因而降低光催化活性[82~87]。此外,这些纳米颗粒进入水环境,可通过呼吸道或消化道进入生物体内破坏细胞中的遗传物质,导致不可预见的危害。因此,纳米 TiO_2 光催化氧化技术在环境净化应用中的最大瓶颈之一就是 TiO_2 光催化剂的分离回收问题。

催化剂固定化是解决悬浮态 TiO_2 光催化剂分离回收的有效途径[189~191]。由于 TiO_2 光催化是靠光和 TiO_2 的结合发挥催化作用,只有激活的 TiO_2 才具有光催化活性,因此用于 TiO_2 光催化的载体不同于一般的催化剂载体。TiO_2 光催化剂的载体除了需要具有一般载体所要求的比表面积大、稳定性好、机械强度优、价格便宜外,更重要的是附着在载体上的 TiO_2 光催化剂能尽可能多地被光照射而激活以发挥催化活性。

国内外对负载型 TiO_2 催化剂做了许多探索,所用载体主要有活性氧化铝、硅胶、空心玻璃珠、空心陶瓷球、玻璃纤维网、层状石墨、海砂、普通(导电)玻璃片、石英玻璃管(片)、光导纤维、有机玻璃等。然而,属于多孔性的载体如活性氧化铝、硅胶、空心陶瓷球、玻璃纤维网、层状石墨、海砂等孔内深层的 TiO_2 光催化剂得不到光的照射,不能发挥 TiO_2 光催化剂的作用,反而会造成 TiO_2 的浪费。而像空心玻璃珠、普通(导电)玻璃片、石英玻璃管(片)、光导纤维、有机玻璃等虽然有结实耐用、容易制成反应器等特点,但却不是一般意义上的好载体。将负载型的 TiO_2 光催化剂与相同投加量的悬浮态 TiO_2 相比,负载后光催化降解反应的量子效率往往降低,这主要是因为负载型 TiO_2 光催化剂的表面积减小,导致催化剂与污染物的接触面积减少和水力特性的恶化,使得传质速率受到限制。

磁性纳米四氧化三铁（Fe_3O_4）颗粒的粒径小，具有巨大的比表面积，将其作为纳米 TiO_2 的载体，可以实现纳米 TiO_2 分散和固定的统一，使制备的复合 TiO_2 光催化剂既有悬浮态纳米 TiO_2 的优良光催化活性，同时通过外加磁场很容易实现催化剂的回收而具有负载型 TiO_2 光催化剂的特点。目前，关于 TiO_2 与磁性 Fe_3O_4 结合制备磁性悬浮态复合光催化剂的研究工作在国内外已经展开[184, 199~203]。其中大多是采用溶胶凝胶法制得催化剂，接着对催化剂进行高温焙烧处理，使 TiO_2 发生晶型转换，制备条件较苛刻，与工业化距离相距甚远。例如，Beydoun 等人[204, 205]将 TiO_2 负载在 Fe_3O_4 上制备可磁分离的光催化剂，然而经高温焙烧使 TiO_2 晶化的同时 Fe_3O_4 很容易被氧化。Gao[206]、Chen[207]、尹晓红[208]、李鸿[209] 等人以 γ-Fe_2O_3 为载体通过溶胶凝胶法制备了复合光催化剂，但是当温度超过 400℃时，γ-Fe_2O_3 会迅速变成 α-Fe_2O_3，导致磁性下降。而且制备过程中 Fe_3O_4 和 TiO_2 的相对含量对复合光催化剂的活性和磁性能均有较大的影响，因此在低温下制备磁性复合光催化剂并实现对复合催化剂活性和磁性能的调控对推进 TiO_2 的工业化应用具有重要意义。

基于以上背景，本章拟利用纳米 Fe_3O_4 颗粒具有的巨大比表面积和良好的分离回收性能，将其作为 TiO_2 光催化剂的载体，用以解决悬浮态 TiO_2 难以分离回收的问题，使制备的复合 TiO_2 光催化剂既有良好的光催化活性，同时通过外加磁场很容易实现催化剂的回收。

第 5 章中，我们采用高温热解羧酸盐结合相转移的方法和一步反向沉淀法分别制备得到水分散性好、形貌粒径可控、表面官能团可调、化学性质和晶型稳定且具有超顺磁性的纳米 Fe_3O_4 颗粒，结合第 4 章中不添加表面活性剂低温制备水分散纯纳米 TiO_2 颗粒的方法，基于库仑静电引力吸引机理在低温下制备得到磁载纳米 TiO_2 光催化剂，通过调节 Fe_3O_4 与 TiO_2 相对含量实现了对磁载纳米 TiO_2 光催化剂活性和磁性能的调控，重点考察了 Fe_3O_4 与 TiO_2 相对含量对磁载 TiO_2 光催化剂形貌、结构及磁性能方面的影响[63, 210]。

6.2 水分散磁载 TiO_2 光催化剂的低温制备

6.2.1 制备原理

总体来讲，纳米粒子表面包覆一般包括三种机理：（1）过饱和度机理，该机理从晶体学角度出发，认为在某一 pH 值下，当反应体系中形成的溶胶浓度较低时，溶胶分子在超细微粒表面成核以降低体系的自由能，生成的新相优先形成在相同或相似结构的微粒表面，随后生成的物质将优先一部分包覆在微粒的表面继续生长；但浓度较大时，过饱和度大大超过溶胶的聚合临界浓度，将产生大量的无机物晶核、新晶核容易获得溶胶分子而形成晶体微粒，不利于溶胶分子均匀包覆到微粒表面。（2）库仑静电引力吸引机理，即包覆颗粒与被包覆颗粒表面所带电荷相反，靠库仑引力使得包覆颗粒吸附到被包覆颗粒的表面。（3）硅酸盐机理，该机理通过化学反应使包覆颗粒和被包覆颗粒之间形成牢固的化学键，最终形成均匀致密的包覆层。

本章中，基于库仑静电引力吸引机理，选用一步反向沉淀法制备得到的磁性纳米 Fe$_3$O$_4$ 颗粒为载体、结合不添加表面活性剂制备水分散纯纳米 TiO$_2$ 颗粒的方法，在低温下制备得到磁载纳米 TiO$_2$ 光催化剂。在实验条件下，纳米 TiO$_2$ 和 Fe$_3$O$_4$ 颗粒表面 Zeta 电位如图 6-1 所示。从图中可以看到，在较宽的 pH 值范围内，纳米 TiO$_2$ 颗粒表面带正电荷，而纳米 Fe$_3$O$_4$ 颗粒表面带负电荷，当把 TiO$_2$ 的前驱体（钛酸正丁酯）滴加到纳米 Fe$_3$O$_4$ 颗粒溶液中时，由于二者表面所带电荷的不同，初始形成的 TiO$_2$ 颗粒将会吸附在 Fe$_3$O$_4$ 表面，随着钛酸正丁酯的逐渐滴加，最终即可得到磁载 TiO$_2$ 光催化剂（也可称之为 Fe$_3$O$_4$/TiO$_2$ 复合光催化剂）。

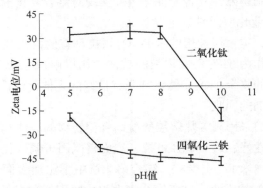

图 6-1　磁载 TiO$_2$ 光催化剂制备过程中 TiO$_2$ 和 Fe$_3$O$_4$ 表面电荷分布

6.2.2　制备方法

纳米 Fe$_3$O$_4$ 颗粒的详细制备方法如第 5 章所述。磁载纳米 TiO$_2$ 制备过程中使用的纳米 Fe$_3$O$_4$ 颗粒为 5.4 节所述方法制备得到的样品 NP-75。

在 80℃ 下采用改进的溶胶凝胶法制备得到一系列不同 Fe$_3$O$_4$ 和 TiO$_2$（Fe$_3$O$_4$/TiO$_2$）摩尔比含量的磁载 TiO$_2$ 光催化剂，具体操作步骤如下：将不同浓度的钛酸正丁酯与一定量的异丙醇混合得到溶液 A，在强烈搅拌下将溶液 A 以 1mL/min 的速度滴加到 25mL、0.1mg/mL Fe$_3$O$_4$ 的酸性水溶液中（溶液的 pH 值由硝酸进行调节，过程中控制超纯水、异丙醇和硝酸的摩尔比为 1∶1.5∶0.1）。将所得混合溶液在 80℃ 反应 24h 即可得到磁载 TiO$_2$ 光催化剂。待所得产物冷却到室温（25℃）后，采用磁铁收集磁载 TiO$_2$ 光催化剂，并用超纯水清洗，所得磁载 TiO$_2$ 光催化剂在 30℃ 真空干燥，备用。Fe$_3$O$_4$/TiO$_2$ 摩尔比为 1∶1、1∶10、1∶30、

1∶50和1∶70 时所制备得到的样品分别标记为 TF-1、TF-10、TF-30、TF-50 和 TF-70，不加纳米 Fe$_3$O$_4$颗粒制备得到的催化剂（即纯 TiO$_2$）标记为 T，空白纳米 Fe$_3$O$_4$颗粒标记为 F。

6.3　水分散磁载 TiO$_2$光催化剂的结构特性

图 6-2 给出了不同 Fe$_3$O$_4$/TiO$_2$摩尔比下所制备磁载 TiO$_2$光催化剂的 TEM 照片。图中可以清晰地看到：纳米 Fe$_3$O$_4$被均匀的包覆在 TiO$_2$颗粒里面。随着 Fe$_3$O$_4$/TiO$_2$摩尔比的降低，更多的 TiO$_2$包覆在 Fe$_3$O$_4$表面；当 Fe$_3$O$_4$/TiO$_2$摩尔比小于1∶50 时，在 TEM 照片中看不到明显的 Fe$_3$O$_4$颗粒存在，这可能是由于 Fe$_3$O$_4$颗粒含量过低引起的。

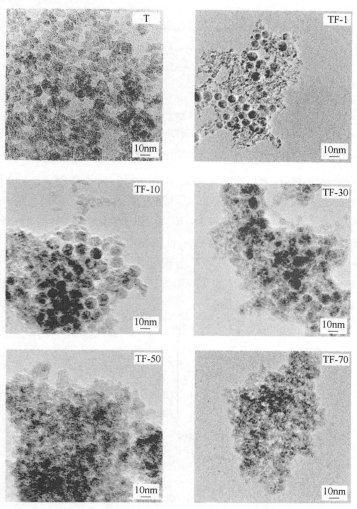

图 6-2　不同 Fe$_3$O$_4$/TiO$_2$摩尔比含量的磁载 TiO$_2$光催化剂的 TEM 照片

　　图 6-3 是不同 Fe_3O_4/TiO_2 摩尔比下所制备磁载 TiO_2 光催化剂的 XRD 图谱。可以看到：当 Fe_3O_4/TiO_2 摩尔比为 $1:1$ 时，锐钛矿型 TiO_2 和 Fe_3O_4 的衍射峰同时存在；随着 Fe_3O_4/TiO_2 摩尔比的降低，Fe_3O_4 的衍射峰峰强逐渐降低；当 Fe_3O_4/TiO_2 摩尔比小于 $1:30$ 时，只能检测到 TiO_2 的衍射峰，说明含量很少的 Fe_3O_4 颗粒被逐渐增加的 TiO_2 均匀包覆，该解释被图 6-2 所示的 TEM 照片支持。

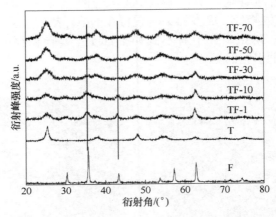

图 6-3　不同 Fe_3O_4/TiO_2 摩尔比下所制备磁载 TiO_2 光催化剂的 XRD 图谱

　　为了进一步确定磁载 TiO_2 光催化剂的结构，我们采用 XPS 对不同 Fe_3O_4/TiO_2 摩尔比下制备的磁载 TiO_2 光催化剂的表面元素组成进行了分析。图 6-4、图 6-5 和图 6-6 分别给出了 TF-1、TF-30 和 TF-70 的 XPS 全谱扫描图和 Ti、Fe、O 元素的元素分析图。从图中可以看到，当 Fe_3O_4/TiO_2 摩尔比为 $1:1$（即 TF-1）时，所得磁载 TiO_2 光催化剂表面有 Fe 元素出现，说明此时 Fe_3O_4 并未被完全包覆；随着 Fe_3O_4/TiO_2 摩尔比的降低（如 TF-30，TF-70），在 XPS 图谱中未检测到 Fe 元素，表明 Fe_3O_4 完全被 TiO_2 包覆。

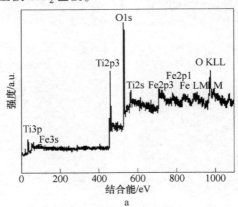

a

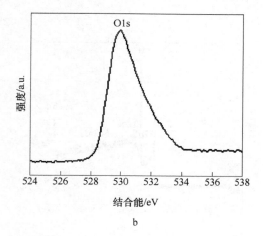

b

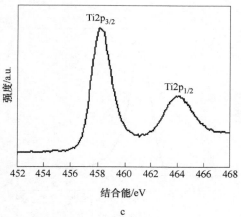

c

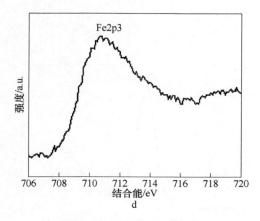

d

图 6-4　TF-1 的 XPS 谱图

a—TF-1 的全谱扫描图；b—TF-1 中 O 元素的元素分析图；

c—TF-1 中 Ti 元素的元素分析图；d—TF-1 中 Fe 元素的元素分析图

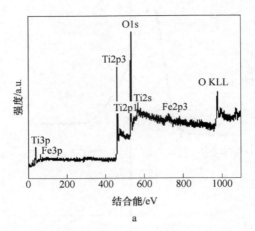

a

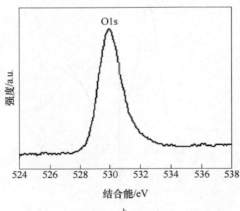

b

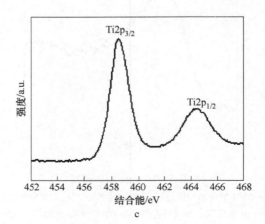

c

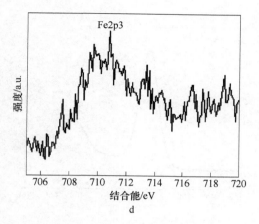

图 6-5　TF-30 的 XPS 谱图

a—TF-30 的全谱扫描图；b—TF-30 中 O 元素的元素分析图；

c—TF-30 中 Ti 元素的元素分析图；d—TF-30 中 Fe 元素的元素分析图

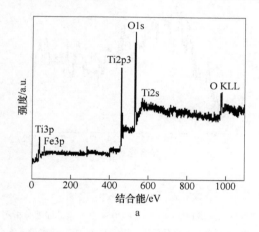

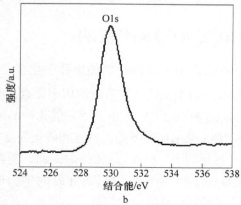

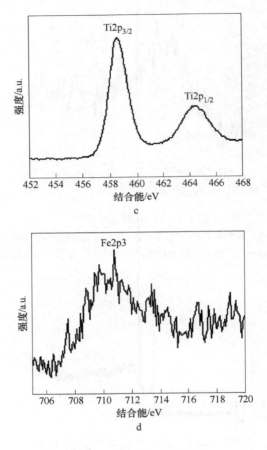

图 6-6　TF-70 的 XPS 谱图

a—TF-70 的全谱扫描图；b—TF-70 中 O 元素的元素分析图；
c—TF-70 中 Ti 元素的元素分析图；d—TF-70 中 Fe 元素的元素分析图

6.4　水分散磁载 TiO₂ 光催化剂磁性能评价

图 6-7 给出了所制备磁载 TiO₂ 光催化剂的饱和磁化强度。从图中可以看到，所制备的所有催化剂均具有超顺磁性，在实际应用中可直接利用其磁性进行分离回收。但是与纯纳米 Fe_3O_4 颗粒（F）相比，所有催化剂的饱和磁化强度均有所降低；而且随着 Fe_3O_4/TiO_2 摩尔比的下降，其饱和磁化强度下降的更加明显。这是因为，在磁载 TiO₂ 光催化剂中，Fe_3O_4 是磁性的来源，随着 Fe_3O_4/TiO_2 摩尔比的降低，Fe_3O_4 外面包覆的 TiO₂ 量增大，Fe_3O_4 在磁载 TiO₂ 催化剂中所占的百分比减少，此时越不容易发挥其自身的磁性特征。

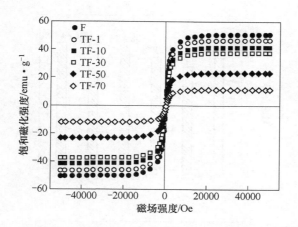

图 6-7 不同 Fe$_3$O$_4$/TiO$_2$摩尔比下所制备磁载 TiO$_2$光催化剂的磁化曲线

6.5 水分散磁载 TiO$_2$光催化剂活性评价

6.5.1 喹啉降解效率

图 6-8a 给出了经 120min 紫外灯照射后，不同 Fe$_3$O$_4$/TiO$_2$摩尔比下所制备磁载 TiO$_2$光催化剂对喹啉的光催化降解效率。从图中可以看到：当Fe$_3$O$_4$/TiO$_2$摩尔比为 1∶1 时，磁载 TiO$_2$光催化剂的活性（73.5%）低于 P25（79.6%）；当 Fe$_3$O$_4$/TiO$_2$摩尔比低于 1∶1 时，磁载 TiO$_2$光催化剂对喹啉的降解效率逐渐提高，喹啉光催化降解反应的反应速率常数也随之增加。例如，当 Fe$_3$O$_4$/TiO$_2$摩尔比从 1∶1降低至 1∶70 时，喹啉的光催化降解效率由 80.3%提高到 89.9%。以 Fe$_3$O$_4$/TiO$_2$摩尔比 1∶30（TF-30）的磁载光催化剂为例，从图 6-8b 可以看到：喹啉的光催化降解反应符合一级动力学反应，且 TF-30 光催化降解喹啉的反应速率常数（1.53×10^{-2}min^{-1}）高于 P25（1.22×10^{-2}min^{-1}）。

有研究报道：Fe$_3$O$_4$中的铁离子会影响磁载 TiO$_2$光催化剂中 TiO$_2$的光催化活性。Beydoun 及其合作者[204, 205]报道 Fe$_3$O$_4$与 TiO$_2$复合后所得复合催化剂的光催化活性会降低，这是因为 Fe$_3$O$_4$与 TiO$_2$之间的异质结合增加了光生电子-空穴复合的概率；然而 Tung 等人[211]认为 Fe$_3$O$_4$/TiO$_2$复合光催化剂中铁离子可作为光生电子的俘获剂，从而降低了光生电子-空穴复合的概率。我们的实验结果表明：对磁载 TiO$_2$光催化剂而言，Fe$_3$O$_4$与 TiO$_2$相对含量对其光催化活性有较大影响，而铁离子的影响则表现的不太明显。当 Fe$_3$O$_4$/TiO$_2$摩尔比为 1∶1 时，磁载 TiO$_2$光催化剂中 Fe$_3$O$_4$相对含量高些而 TiO$_2$的含量较少；随着 Fe$_3$O$_4$/TiO$_2$摩尔比的降低，磁载 TiO$_2$光催化剂中相对 Fe$_3$O$_4$含量逐渐减少而 TiO$_2$的含量逐渐增加，因

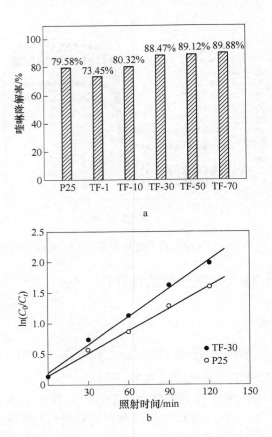

图 6-8　不同 Fe_3O_4/TiO_2摩尔比下所制备磁载 TiO_2光催化剂对
喹啉的光催化降解效率（a）和降解速率常数（b）

此，我们观察到：随着 Fe_3O_4/TiO_2摩尔比的降低，喹啉的降解效率提高。

从图 6-8（a）可知随着 Fe_3O_4/TiO_2摩尔比的降低，喹啉的降解效率提高；但同时我们应该注意到，随着 Fe_3O_4/TiO_2摩尔比的降低，它们的饱和磁化强度逐渐下降（如图 6-7 所示）。因此，我们需要综合考虑这两种因素确定最佳的 Fe_3O_4/TiO_2摩尔比以保证所制备的光催化剂同时具备高活性和高磁性能。结合图 6-8a 和图 6-7 的结果发现，Fe_3O_4/TiO_2摩尔比小于等于 30 时其光催化降解喹啉的效率基本保持不变，但磁载 TiO_2光催化剂的饱和磁化强度随 Fe_3O_4/TiO_2摩尔比的降低下降的很快，综合考虑两种因素，确定 Fe_3O_4/TiO_2的最佳摩尔比为 1 : 30（TF-30）。

6.5.2　水分散磁载 TiO₂光催化剂循环稳定性

图 6-9 给出了 TF-30 光催化剂的重复利用效率。可以看到：TF-30 经磁分离

回收后，在循环使用过程中 TF-30 的光催化活性有所下降，经三次重复使用后，TF-30 对喹啉的降解效率为 84.6%（第一次使用后降解效率为 88.47%），仍高于 P25 对喹啉的降解效率。

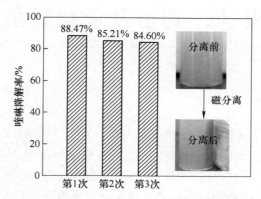

图 6-9　TF-30 光催化剂重复使用对喹啉的降解效果

6.6　本章小结

基于库仑静电引力低温制备得到磁载纳米 TiO_2 光催化剂，通过调节 Fe_3O_4/TiO_2 摩尔比可调控所得产物的形貌、晶型、表面特性及磁性能。

Fe_3O_4 与 TiO_2 相对含量对磁载 TiO_2 光催化剂的光催化活性有较大影响，通过改变 Fe_3O_4 与 TiO_2 相对含量可实现对其光催化活性的调控。

7 水分散可见光响应 TiO_2 光催化剂的设计、制备及催化性能

7.1 引言

锐钛矿型 TiO_2 是宽禁带半导体（$E_g = 3.2eV$），只能响应短波长的紫外光部分（$\lambda < 387nm$，约占太阳能的 5%），而太阳光谱中占绝大多数的可见光部分（能量约占 45%）未能被有效利用。研制可见光响应的半导体光催化剂，将使通过化学方式有效转化太阳能成为可能。虽然研究报道了一些可见光响应的窄带隙半导体光催化剂，如 $ZnIn_2S_4$、CdS、WO_3 等，然而由于或使用了稀缺的金属元素（如：铟等）导致成本较高，或光催化活性还不高，或稳定性欠佳导致金属元素的溶出引起二次污染，均限制了这些光催化剂在环境净化领域中的应用。

掺杂 TiO_2 是拓展 TiO_2 光学吸收光谱的一种有效手段，然而掺杂元素的种类、含量、制备方法等均会对光催化活性产生不同的影响。目前，关于纳米半导体 TiO_2 可见光响应的研究主要集中在染料光敏化、离子注入和等离子处理、复合半导体及非金属元素掺杂改性等方面。

半导体光敏化是指在低于半导体禁带能量的光照下，激发态的光敏化剂与半导体发生电子转移的过程。关于半导体染料光敏化方面的研究主要应用于太阳能和光催化产氢领域，近年来利用染料光敏化的原理降解有机污染物受到了越来越广泛的重视。TiO_2 半导体经光敏化剂改性后可实现在可见光下催化氧化或还原有机污染物，但这些反应条件苛刻，且因实际废水成分复杂，因此很难大规模应用。另外一方面由于光敏化剂一般为有机染料，本身易被降解，即使在实验室严格控制的条件下，以化学稳定性非常好的金属有机染料作为光敏剂时，该体系的效率仅能维持在几十个小时之内。因此，从目前来看，利用表面光敏化剂改性的 TiO_2 催化剂处理实际废水几乎是不可能的。

离子注入和低温等离子体处理法是近年发展起来的 TiO_2 可见光化技术。研究表明，过渡金属离子 V、Cr 等的注入可实现 TiO_2 激发波长的红移，有可能在不降低 TiO_2 紫外光催化活性的同时实现 TiO_2 的可见光催化活性，但同时掺杂过渡金属离子会导致 TiO_2 的热稳定性下降、载流子的复合中心增多或者需要昂贵的离子注入设备。Ihara 等人[212]采用低温氢等离子法处理 TiO_2，经处理后的 TiO_2 表现出优良的可见光催化活性，这主要是因为经等离子体处理后在 TiO_2 表面形成了

氧缺陷。

复合半导体光催化剂不仅可以促进光生载流子的分离，而且扩展了激发波长的能量范围，因此受到了研究者的普遍重视。Jang[213]等人制备了CdS/TiO$_2$复合半导体催化剂，该催化剂在波长大于420nm的可见光激发下对有机污染物有较好的降解效果。同时TiO$_2$对CdS也有一定的修饰作用，在CdS表面覆盖TiO$_2$胶体后阳极腐蚀会受到抑制，且其催化活性随表面TiO$_2$的晶化而增强。

利用非金属元素掺杂改性实现TiO$_2$可见光响应的一个最大优势在于它可在拓展TiO$_2$可见光催化活性的同时又不影响到其紫外光的催化活性。目前，常用作掺杂的非金属元素有N、C、S、F、B等，掺杂非金属元素的TiO$_2$都能在可见光区域有较好的光响应性，表现出光催化活性。其中，碳掺杂的TiO$_2$因其具有优异的可见光催化活性而受到人们的普遍重视。目前报道的碳掺杂改性TiO$_2$的制备方法有很多，同时提出的碳掺杂改性TiO$_2$的可见光化机理也有很多，大体可归结为两类：（1）在碳掺杂改性的TiO$_2$中，碳元素进入TiO$_2$晶格，取代TiO$_2$中的氧元素或以间隙碳的形式存在，有利于减小TiO$_2$的禁带宽度，使TiO$_2$可见光化；（2）在碳掺杂改性的TiO$_2$中，碳元素以含碳物质的形式负载在TiO$_2$表面，对TiO$_2$的禁带宽度没有影响，这些含碳物质发挥光敏化剂的作用，使得TiO$_2$具有可见光催化活性。但由于制备及处理方法的差异，不同碳掺杂改性的TiO$_2$光催化剂在实际应用中仍存在催化剂活性稳定性差等问题。因此，制备高活性可见光化碳掺杂TiO$_2$光催化剂具有十分重要的意义。

石墨烯（Graphene）是碳的同素异形体，是碳原子通过sp^{2}杂化形成的二维蜂窝状点阵结构（厚度为0.34nm），其具有许多独特的物理化学性质，如室温下高的电子迁移率（20000cm^2/（V·s））、高的比表面积（2600m^2/g）、高的热导率（3000W/（m·K））、高强度（130GPa）和量子霍尔效应等，使得其在材料研究中有着光明的研究前景和应用价值。

氧化石墨烯（Graphene oxide，GO）可看做是由羧基、羟基和环氧基修饰的石墨烯。由于石墨烯的性质对化学掺杂、结构的形变以及吸附结合的物质等非常敏感[214]，所以氧化石墨烯表面的基团会导致氧化石墨烯性质与石墨烯性质有很大的差别。研究表明[215, 216]：氧化石墨烯的物理、化学性质具有可调性，例如，氧化石墨烯的禁带宽度可随着氧化程度的不同而改变，而且氧化石墨烯的半导体导电类型也具有可调性，既可以为n型半导体，也可以为p型半导体。基于此性质，人们可以利用氧化石墨烯制备具有不同化学性质的复合物。目前，已有一些研究者对TiO$_2$与石墨烯或氧化石墨烯组成的复合物的化学性质进行了研究[217~219]。Zhang等人[218]以氧化石墨烯和P25为原料，采用水热法制备了P25/石墨烯复合物，结果表明该P25/石墨烯复合物具有很高的吸附性能，拓宽了P25的光吸收范围并具有高的电子分离性能。Peng等人[219]以氧化石墨为模板采用水热法制备出了表面均匀负载 TiO$_2$ 碳纳米管的碳纳米薄片，研究发现所制备复合物对甲基橙的光催化活性高于 P25，作者认为碳薄片的吸附作用与 TiO$_2$ 的光催化作用产生协同效应，进而使得复合物的光催化活性大幅度提高。

因此，以实现 TiO$_2$ 光催化剂的可见光响应活性为目标，结合目前可见光响应纳米 TiO$_2$ 光催化剂研究中存在的催化剂活性稳定性差的问题及研究现状，本章采用改进的 Hummers 方法结合超声波辅助制备得到氧化石墨烯，结合不添加表面活性剂制备水分散纯纳米 TiO$_2$ 颗粒的方法，在低温下制备 TiO$_2$/氧化石墨烯复合光催化剂，重点考察了氧化石墨烯含量对可见光响应 TiO$_2$ 光催化剂结构及可见光化效应的影响[63, 220]。

7.2　水分散可见光响应 TiO$_2$ 光催化剂的制备

7.2.1　氧化石墨烯制备

氧化石墨烯（GO）采用 Marcano 等人[221] 提出的改进 Hummers 方法制备。具体操作流程如下：（1）氧化石墨的制备将摩尔比为 9∶1 的 H$_2$SO$_4$ 和 H$_3$PO$_4$ 混合溶液（180mL∶20mL）缓慢加入 1.5g 石墨片和 9.0g KMnO$_4$ 的混合物中，添加完毕后反应体系温度为 35~40℃（过程中有轻微放热现象存在），然后将反应体系加热至 50℃ 并在此温度下反应 12h。当反应体系温度降至室温时，将其倒入 200mL 冰上，与此同时加入 1~2mL 35% H$_2$O$_2$ 溶液，此时溶液呈金黄色，在室温下搅拌 4h。依次采用稀盐酸、水、乙醇对上述产物进行洗涤纯化，然后离心（6000r/min，3min）分离得到凝胶状氧化石墨。最后，将其转入 70℃ 烘箱干燥 24h 后得到氧化石墨。（2）氧化石墨烯的制备，将纯化后的氧化石墨分散于超纯水中配制浓度为 1.0mg/mL 的氧化石墨分散液，采用 UP 50H probe sonicator（DR. HIELSCHER，100% amplitude，full cycle）对氧化石墨分散液超声 1h，得到分散均匀的氧化石墨烯溶液，备用。

7.2.2　水分散可见光响应纳米 TiO$_2$ 光催化剂制备

在 80℃ 下采用改进的溶胶凝胶法制备得到一系列不同氧化石墨烯（GO）含量的可见光响应 TiO$_2$ 光催化剂（即 TiO$_2$/GO 复合物）。具体操作步骤如下：将一定量的钛酸正丁酯与异丙醇均匀混合，在强烈搅拌下将此混合溶液以 1mL/min 的速度滴加到 25mL 不同浓度的氧化石墨烯溶液中（溶液的 pH 值由硝酸进行调节，过程中控制钛酸正丁酯、超纯水、异丙醇和硝酸的摩尔比为 1∶155∶1.5∶0.1）。将所得混合溶液在 80℃ 反应 24h 即可得到 TiO$_2$/GO 复合物。待所得产物冷却到室温（25℃）后，离心收集 TiO$_2$/GO 复合物（11000r/min，30min），然后采用超纯水分散 TiO$_2$/GO 复合物并高速离心收集产物以纯化所制备的 TiO$_2$/GO 复合物，重复上面的离心过程三次，将所得 TiO_2/GO 复合物在 30℃ 真空干燥，备用。TiO_2/GO 复合物中 GO 质量含量为 0%，1%，4%，7%，10%，14% 时所得产物分别标记为 TGO-0，TGO-1，TGO-4，TGO-7，TGO-10 和 TGO-14。

7.3 氧化石墨烯结构特性

图 7-1 给出了石墨与氧化石墨的 XRD 衍射图谱。在图 7-1 中，石墨的 XRD 衍射图上有一个强而尖的峰，$2\theta = 26.4°$，为石墨（002）面的典型衍射峰，对应 d 值为 0.34nm；而氧化石墨的衍射峰较窄，2θ 为 10.9°，d 值约为 0.79nm。通过比较二者的 XRD 图谱可以看出，所得氧化石墨物相单一、氧化程度较明显，说明经反应后，含氧官能团被引入氧化石墨的表面，石墨完全转化为氧化石墨。

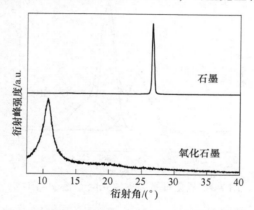

图 7-1　石墨与氧化石墨的 X 射线衍射图

利用 FTIR 对干燥后的氧化石墨烯化学组成进行初步分析（如图 7-2 所示）。从图中可以看到，$3376cm^{-1}$ 和 $1382cm^{-1}$ 分别归属于羟基 O—H 的振动吸收峰和变

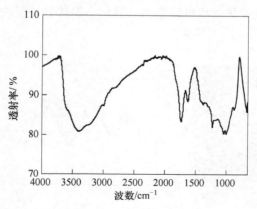

图 7-2　氧化石墨烯的红外光谱

形吸收峰，1716cm⁻¹归属于羰基 C＝O 的伸缩振动吸收峰，1215cm⁻¹归属于环氧基 C—O 的伸缩振动峰，1005cm⁻¹归属于烷氧基 C—O 的伸缩振动峰，1594cm⁻¹归属于 C＝C 的伸缩振动峰，初步证实产物表面含有丰富的羟基、羧基、环氧基等含氧基团，石墨成功被氧化。

利用 XPS 对氧化石墨进行定量分析（如图 7-3 所示），石墨经氧化后的产物在 C1s 图谱上有三种类型的碳键，即 C＝C/C—C（284.1eV），C＝O（287.8eV）和 C＝O—OH（289.0eV），且碳氧原子比为 2∶1，因为碳氧原子可以用来衡量石墨的氧化程度，上述结果表明所制备的氧化石墨含有低的碳氧原子比，说明石墨被充分氧化。

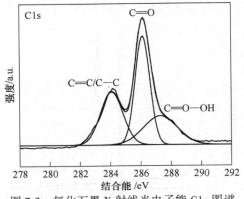

图 7-3 氧化石墨 X 射线光电子能 C1s 图谱

与此同时，我们通过 Nanoscope Ⅲ A 型原子力显微镜（Atomic Force Microscope，AFM）对样品纳米区域的物理性质和样品厚度进行表征（如图 7-4 所示）。可以看到，氧化石墨烯为较小的碎片，这是因为首先氧化过程会导致石墨被破坏为较小的碎片，其次在水相中超声剥落也会引起氧化石墨结构的变化。从图 7-4 中的右图厚度变化曲线可以看出，氧化石墨烯的厚度约为 5.7nm 左右，说明得到的产物为多层氧化石墨烯。

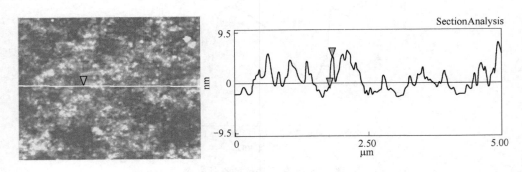

图 7-4 氧化石墨烯的 AFM 照片

7.4 水分散可见光响应纳米 TiO₂ 光催化剂结构特性

7.4.1 可见光响应性能评价

图 7-5 给出了不同氧化石墨烯含量的 TGO 及 TGO-0 的紫外可见吸收光谱。从图中可以看到，与不添加氧化石墨烯的空白样 TGO-0 相比，TGO-1、TGO-4、TGO-7、TGO-10 和 TGO-14 的吸收边带均发生明显红移。表 7-1 列出了所制备 TiO₂/GO 复合物的吸收边带及相应的禁带宽度值。可以看到：随着氧化石墨烯含量的增加，TiO₂/GO 复合物的吸收边带由 TGO-0 的 378nm 偏移至 TGO-14 的 451nm，通过吸收边带计算 TiO₂/GO 复合物的禁带宽度[222]，得 TGO-0、TGO-14 相应的禁带宽度分别为 3.28eV 和 2.75eV。可见，氧化石墨烯的加入对 TiO₂ 的可见光化有很大的影响。

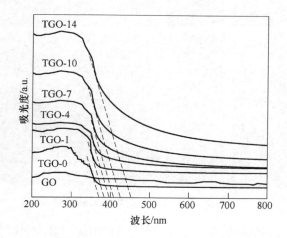

图 7-5　TiO₂/GO 复合物的紫外可见吸收光谱

表 7-1　TiO₂/GO 复合物的吸收边带及禁带宽度

催化剂	氧化石墨含量/%	吸收边带/nm	禁带宽度/eV
TGO-0	0	378	3.28
TGO-1	1	385	3.22
TGO-4	4	396	3.13
TGO-7	7	411	3.02
TGO-10	10	429	2.89
TGO-14	14	451	2.75

7.4.2　形貌晶型分析

采用 TEM 对所制备的 TiO₂/GO 复合物形貌晶型进行分析（如图 7-6 所示）。以 TGO-14 为例，从 TEM 照片中可观察到明显的晶格条纹，晶格条纹间距为 0.353nm，对应于锐钛矿型 TiO₂的（101）晶面。

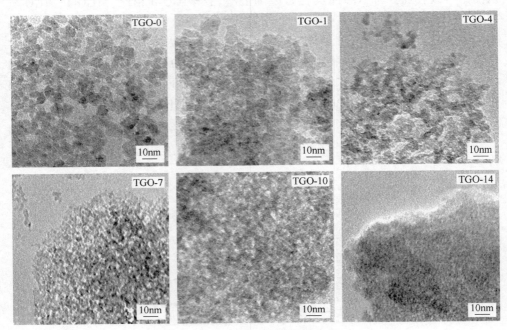

图 7-6　TiO₂/GO 复合物的形貌分析

图 7-7 给出了所制备的 TiO₂/GO 复合物的 XRD 图谱。通过与未添加氧化石

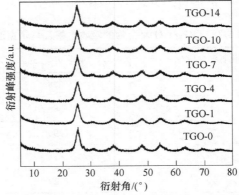

图 7-7　TiO₂/GO 复合物的形貌分析 XRD 图谱

墨烯的空白样 TGO-0 相比，TiO₂/GO 复合物中无氧化石墨烯的特征衍射峰（衍射峰在 $2\theta = 24.7°$ 附近出现[218]），这是由于 TiO₂/GO 复合物中氧化石墨烯的含量少，低于仪器的检测限。与标准谱峰进行对照，TiO₂/GO 复合物中所出现的衍射峰分别对应于锐钛矿型 TiO₂（JCPDS no. 03-065-5714）的（101）、（004）、（200）、（211）、（204）、（220）和（215）。以 TGO-14 为例，利用 Scherrer 公式在衍射峰（101）处进行粒径计算，得 TGO-14 的晶粒大小为 9.7nm。

7.4.3 表面特性分析

为了研究 TiO₂/GO 复合物中各元素的化学状态，采用 XPS 对 TGO-14 表面元素进行分析，并将 TGO-14、TGO-0k 和 P25 的 Ti、O 元素 XPS 谱图进行了比较，结果如图 7-8 所示。由图可以看到：TGO-14、TGO-0 和 P25 的 Ti 元素 XPS 扫描图无明显区别，结合能为 $458.5 \sim 458.8\text{eV}$ 处对应于 TiO₂ 中的 Ti2p₃/₂（TiO₂ 中 Ti2p₃/₂ 标准值为 458.7eV），结合能为 $464.5 \sim 464.8\text{eV}$ 处对应于 TiO₂ 中的 Ti2p₁/₂（TiO₂ 中 Ti2p₁/₂ 标准值为 464.6eV），说明所制备的 TiO₂/GO 复合物中 TiO₂ 以普通的化学状态（即 Ti 是 +4 价）存在。此外，对 TGO-14 中的 Ti3p 谱峰进行去卷积计算发现谱带中未出现 Ti—C 键 460.3eV 和 465.8 eV 的结合能峰，说明 TiO₂/GO 复合物中氧化石墨烯和 TiO₂ 之间没有形成 Ti—C 键。与 TGO-0 和 P25 相比，TGO-14 的 O1s XPS 扫描图明显不同，通过对 O1s 元素谱峰进行分峰拟合（如图 7-9 所示），可以看到：对 TGO-0 而言，结合能为 530.0eV 处的 O1s 为 TiO₂ 中的氧，结合能为 532.5eV 处的 O1s 为羟基氧或催化剂上吸附水的氧。对 TGO-14 而言，结合能为 530.0eV 处的 O1s 为 TiO₂ 中的氧，结合能为 531.9eV 处为羟基氧，从两个谱峰的强度和峰面积，可以推测 TGO-14 中存在大量含氧官能团。

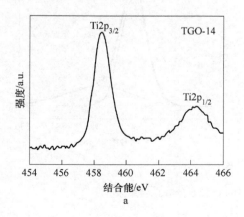

a

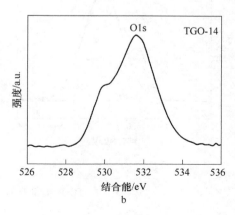

b

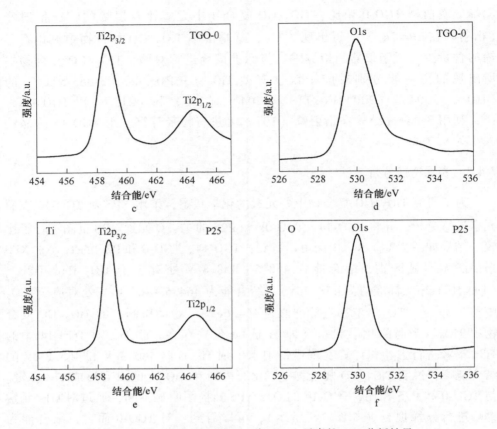

图 7-8　TGO-14、TGO-0 和 P25 中 Ti、O 元素的 XPS 分析结果

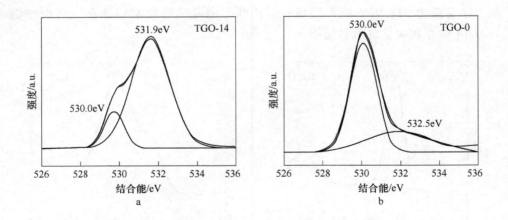

图 7-9　TGO-14 和 TGO-0 的 O 元素分峰拟合结果

7.5 水分散可见光响应纳米 TiO₂ 光催化剂活性评价

7.5.1 喹啉降解效率及可见光响应机理

选取 TGO-14 为光催化剂，以喹啉为目标降解物，分别在紫外光（$\lambda =$ 365nm）和可见光（$\lambda = 420$nm）照射下测定了 TGO-14 光催化剂的光催化活性，结果如图 7-10 所示。

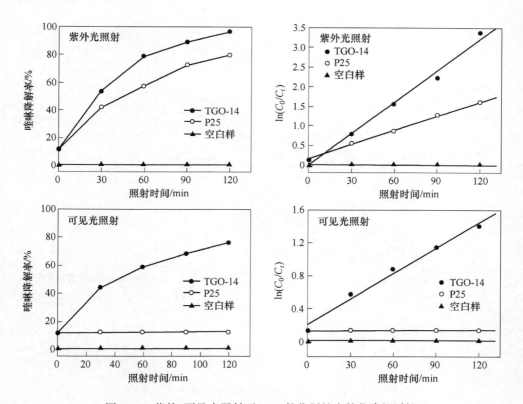

图 7-10　紫外/可见光照射下 TGO 催化剂的光催化降解活性

从图 7-10 可以看到，在紫外光照射下，120min 内 TGO-14、P25 对喹啉的降解效率分别为 96.6%、79.6%，TGO-14 光催化降解喹啉的降解效率高于 P25，这主要是因为一方面 TGO-14 中氧化石墨烯的存在加速了界面电荷的转移（氧化石墨烯作为电子受体），抑制了光生电子-空穴的复合；另一方面 TGO-14 的比表面积为 308.4m²/g，远大于 P25（50m²/g），有利于喹啉在催化剂表面的吸附。

在可见光照射下，120min 内 P25 对喹啉的降解效率仅有 12.05%，这是因为 P25 对可见光基本不响应，P25 未能被激发而产生光生电子-空穴对，因而活性较低，12.05%的降解效率主要源于 P25 对喹啉的吸附作用。

同时可以发现：TGO-14 在紫外光照射下对喹啉的降解效率（96.6%）高于可见光下的降解效率（75.6%），这是因为光催化反应中光生电子-空穴的初始生成速率与光源的光强紧密相关。在 365nm 的紫外光照射下激发产生的光生电子-空穴比 420nm 可见光照射下产生的光生电子-空穴具有更高的能量，它们更容易迁移至固液界面，因而活性较高。图 7-11 给出了 TGO-14 催化剂光催化降解喹啉的简单示意图。

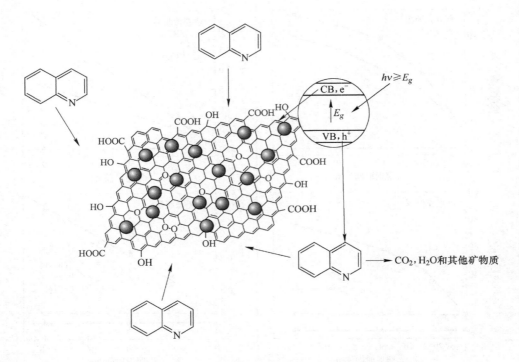

图 7-11　TGO-14 催化剂光催化降解喹啉过程示意图

7.5.2　稳定性评价

在可见光照射下，我们考察了 TGO-14 对喹啉降解的重复利用实验（如图 7-12 所示）。从图中可以看到，TGO-14 的活性在每次循环使用后稍有下降，经过四次重复使用后，TGO-14 对喹啉的降解效率从初始的 75.6%降至 70.5%，催化剂的稳定性与 Zhang 等人采用水热法制备得到的氧化石墨烯/TiO₂ 复合物相比稍有提高，表明本研究在不添加表面活性剂低温条件下制备的 TGO-14 催化剂在重复使用过程中具有很好的稳定性。

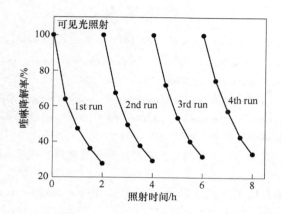

图 7-12 TGO-14 光催化降解喹啉的循环使用实验

7.6 本章小结

采用改进的 Hummers 方法结合超声波辅助制备得到氧化石墨烯, 结合不添加表面活性剂制备水分散纯纳米 TiO_2 颗粒的方法, 在低温下制备了 TiO_2/氧化石墨烯复合光催化剂, 主要结论包括以下几点:

（1）所制备的氧化石墨烯富含大量的羟基、羧基、环氧基等含氧基团, 其厚度约为 5.7nm。

（2）随着氧化石墨烯含量的增加, TiO_2/氧化石墨烯复合光催化剂的吸收边带发生红移, 氧化石墨烯的添加对 TiO_2 的可见光化有很大的影响。

（3）TiO_2/氧化石墨烯复合光催化剂中 Ti 以 Ti^{4+} 形式存在, 氧化石墨烯和 TiO_2 之间没有形成 Ti—C 键。

（4）所制备的可见光响应 TiO_2 光催化剂在紫外光及可见光下对喹啉均具有较好的催化降解效率。在可见光照射下催化剂的活性稳定性好, 主要归因于氧化石墨烯的存在。氧化石墨烯可作为电子受体, 抑制光生电子-空穴的复合, 而且其大的比表面积有利于喹啉在催化剂表面的吸附。

参 考 文 献

[1] Cermenati L, Albini A, Pichat P, et al. TiO$_2$ photocatalytic degradation of haloquinolines in water: Aromatic products GM-MS identification. Role of electron transfer and superoxide [J]. Research on Chemical Intermediates, 2000 (26): 221~234.

[2] Pichat P. Some views about indoor air photocatalytic treatment using TiO$_2$: Conceptualization of humidity effects, active oxygen species, problem of C1-C3 carbonyl pollutants [J]. Applied Catalysis B: Environmental, 2010 (99): 428~434.

[3] 王嘉，周涛，任大军，等. 喹啉的微波辅助光催化氧化降解研究 [J]. 环境保护科学，2007 (33): 21~24.

[4] Carp O, Huisman C L, Reller A. Photoinduced reactivity of titanium dioxide [J]. Progress in Solid State Chemistry, 2004 (32): 33~177.

[5] Chen X B, Mao S S. Titanium dioxide nanomaterials: synthesis, properties, modifications, and applications [J]. Chemical Reviews, 2007 (107): 2891~2959.

[6] Gaya U I, Abdullah A H. Heterogeneous photocatalytic degradation of organic contaminants over titanium dioxide: A review of fundamentals, progress and problems [J]. Journal of Photochemistry and Photobiology C: Photochemistry Reviews, 2008 (9): 1~12.

[7] Panagiotopoulou P, Kondarides D I. Effects of alkali additives on the physicochemical characteristics and chemisorptive properties of Pt/TiO$_2$ catalysts [J]. Journal of Catalysis, 2008 (260): 141~149.

[8] 何明. 用于液相光催化体系的高比表面积氧化钛晶须的研制 [D]. 南京：南京工业大学，2005.

[9] Elmolla E S, Chaudhuri M. Photocatalytic degradation of amoxicillin, ampicillin and cloxacillin antibiotics in aqueous solution using UV/TiO$_2$ and UV/H$_2$O$_2$/TiO$_2$ photocatalysis [J]. Desalination, 2010 (252): 46~52.

[10] Eng Y Y, Sharma V K, Ray A K. Photocatalytic degradation of nonionic surfactant, Brij 35 in aqueous TiO$_2$ suspensions [J]. Chemosphere, 2010 (79): 205~209.

[11] Rengifo-Herrera J A, Pulgarin C. Photocatalytic activity of N, S co-doped and N-doped commercial anatase TiO$_2$ powders towards phenol oxidation and E. coli inactivation under simulated solar light irradiation [J]. Solar Energy, 2010 (84): 37~43.

[12] Zhao B X, Mele G, Pio I, et al. Degradation of 4-nitrophenol (4-NP) using Fe-TiO$_2$ as a heterogeneous photo-Fenton catalyst [J]. Journal of Hazardous Materials, 2010 (176): 569~574.

[13] Jiang J, Long M, Wu D, et al. Alkoxyl-derived visible light activity of TiO$_2$ synthesized at low temperature [J]. Journal of Molecular Catalysis A: Chemical, 2011 (335): 97~104.

[14] Tariq M A, Faisal M, Muneer M, et al. Photochemical reactions of a few selected pesticide derivatives and other priority organic pollutants in aqueous suspensions of titanium dioxide [J]. Journal of Molecular Catalysis A: Chemical, 2007 (2665): 231~236.

［15］杨祝红. 二氧化钛晶须的制备及光催化处理废水研究［D］. 南京：南京工业大学，2003.

［16］Hoskins J A. Health effects due to indoor air pollution［J］. Survival and Sustainability, 2011 (5)：665~676.

［17］Cooke T F. Indoor air pollutants：A literature review［J］. Reviews on Environmental Health, 2011 (9)：137~160.

［18］Wang Y, Zuo J L, Jiang A X, et al. Preliminary research on the detection and control technology of indoor air pollution［J］. Advanced Materials Research, 2011 (183~185)：1238~1241.

［19］Su S, Li B, Cui S, et al. Sulfur dioxide emissions from combustion in China：From 1990 to 2007［J］. Environmental Science and Technology, 2011 (45)：8403~8410.

［20］Fan W, Sun Y, Zhu T, et al. Emissions of HC, CO, NO_x, CO_2, and SO_2 from civil aviation in China in 2010［J］. Atmospheric Environment, 2012 (56)：52~57.

［21］Srisitthiratkul C, Pongsorrarith V, Intasanta N. The potential use of nanosilver-decorated titanium dioxide nanofibers for toxin decomposition with antimicrobial and self-cleaning pro perties［J］. Applied Surface Science, 2011 (257)：8850~8856.

［22］Fu G, Vary P S, Lin C T. Anatase TiO_2 nanocomposites for antimicrobial coatings［J］. The Journal of Physical Chemistry B, 2005 (109)：8889~8898.

［23］Chung C J, Lin H I, Tsou H K, et al. An antimicrobial TiO_2 coating for reducing hospital-acquired infection［J］. Journal of Biomedical Materials Research, 2008 (85)：220~224.

［24］Fateh R, Ismail A A, Dillert R, et al. Highly active crystalline mesoporous TiO_2 films coated onto polycarbonate substrates for self-cleaning applications［J］. Journal of Physical Chemistry C, 2011 (115)：10405~10411.

［25］Nakata K, Sakai M, Ochiai T, et al. Antireflection and self-cleaning properties of a moth-eye-like surface coated with TiO_2 particles［J］. Langmuir, 2011 (27)：3275~3278.

［26］Montazer M, Seifollahzadeh S. Enhanced self-cleaning, antibacterial and UV protection properties of nano TiO_2 treated textile through enzymatic pretreatment［J］. Photochemistry and Photobiology, 2011 (87)：877~883.

［27］Yu J, Qi L, Jaroniec M. Hydrogen production by photocatalytic water splitting over Pt/TiO_2 nanosheets with exposed (001) facets［J］. Journal of Physical Chemistry C, 2010 (114)：13118~13125.

［28］Cho I S, Chen Z, Forman A J, et al. Branched TiO_2 nanorods for photoelectrochemical hydrogen production［J］ Nano Letters, 2011 (11)：4978~4984.

［29］Corazzari I, Livraghi S, Ferrero S, et al. Inactivation of TiO_2 nano-powders for the preparation of photo-stable sunscreens via carbon-based surface modification［J］. Journal of Materials Chemistry, 2012 (22)：19105~19112.

［30］刘于民. 二氧化钛表面功能化及应用研究［D］. 镇江：江苏大学，2011.

［31］王兴雪. 二氧化钛光催化性能研究及纳米复合材料的制备［D］. 上海：复旦大学，2008.

［32］沈晓军. 二氧化钛纳米材料的晶型与形貌调控及光催化活性研究［D］. 上海：华东理工

大学, 2012.

[33] Etgar L, Zhang W, Gabriel S, et al. High efficiency quantum dot heterojunction solar cell using anatase (001) TiO$_2$ nanosheets [J]. Advanced Materials, 2012 (24): 2202~2206.

[34] Ali I, Gupta V K. Advances in water treatment by adsorption technology [J]. Nature Protocols, 2007 (1): 2661~2667.

[35] Ferraris M, Innella C, Spagni A. Start-up of a pilot-scale membrane bioreactor to treat municipal wastewater [J]. Desalination, 2009 (237): 190~200.

[36] Humbert H, Gallard H, Suty H, et al. Natural organic matter (NOM) and pesticides removal using a combination of ion exchange resin and powdered activated carbon (PAC) [J]. Water Research, 2008 (42): 1635~1643.

[37] Cheng H, Sabatini D A. Separation of organic compounds from surfactant solutions: A Review [J]. Separation Science and Technology, 2007 (42): 453~475.

[38] Fujishima A, Honda K. Electrochemical photolysis of water at a semiconductor electrode [J]. Nature, 1972 (238): 37~38.

[39] 向全军. 二氧化钛基光催化材料的微结构调控与性能增强 [D]. 武汉: 武汉理工大学, 2012.

[40] 童海霞. 光解水用改性金红石型 TiO$_2$ 析氧催化剂的制备与光催化性能研究 [D]. 长沙: 中南大学, 2008.

[41] Khan S U M, Al-Shahry M, Jr W B I. Efficient photochemical water splitting by a chemically modified n-TiO$_2$ [J]. Science, 2002 (297): 2243~2245.

[42] Maeda K, Domen K. Photocatalytic water splitting: recent progress and future challenges [J]. The Journal of Physical Chemistry Letters, 2010 (1): 2655~2661.

[43] Kudo A, Miseki Y. Heterogeneous photocatalyst materials for water splitting [J]. Chemical Society Reviews, 2009 (38): 253~278.

[44] Chiou C H, Wu C Y, Juang R S. Influence of operating parameters on photocatalytic degradation of phenol in UV/TiO$_2$ process [J]. Chemical Engineering Journal, 2008 (139): 322~329.

[45] D'Oliveira J C, Sayyed G A, Pichat P. Photodegradation of 2-and 3-chlorophenol in titanium dioxide aqueous suspensions [J]. Environmental Science and Technology, 1990 (24): 990~996.

[46] Konstantinou I K, Albanis T A. Photocatalytic transformation of pesticides in aqueous titanium dioxide suspensions using artificial and solar light: intermediates and degradation pathways [J]. Applied Catalysis B: Environmental, 2003 (42): 319~335.

[47] Priya M H, Madras G. Kinetics of photocatalytic degradation of phenols with multiple substituent groups [J]. Journal of Photochemistry and Photobiology A: Chemistry, 2006 (179): 256~262.

[48] Sleiman M, Conchon P, Ferronato C. Photocatalytic oxidation of toluene at indoor air levels (ppbv): Towards a better assessment of conversion, reaction intermediates and mineralization [J].

Applied Catalysis B: Environmental, 2009 (86): 159~165.

[49] Turchi C S, Ollis D F. Photocatalytic degradation of organic water contaminants: Mechanisms involving hydroxyl radical attack [J]. Journal of Catalysis, 1990 (122): 178~192.

[50] Yang J J, Li D X, Zhang Z J, et al. A study of the photocatalytic oxidation of formaldehyde on Pt/Fe$_2$O$_3$/TiO$_2$ [J]. Journal of Photochemistry and Photobiology A: Chemistry, 2000 (137): 197~202.

[51] Muneer M, Qamar M, Bahnemann D. Photoinduced electron transfer reaction of few selected organic systems in presence of titanium dioxide [J]. Journal of Molecular Catalysis A: Chemical, 2005 (234): 151~157.

[52] Jing J, Liu M, Colvin V L, et al. Photocatalytic degradation of nitrogen-containing organic compounds over TiO$_2$ [J]. Journal of Molecular Catalysis A: Chemical, 2011 (351): 17~28.

[53] Carrway E R, Hoffman A J, Hoffmann M R. Photocatalytic oxidation of organic acids on quantum-sized semiconductor colloids [J]. Environmental Science and Technology, 1994 (28): 786~793.

[54] Mao Y, Schoeneich C, Asmus K D. Identification of organic acids and other intermediates in oxidative degradation of chlorinated ethanes on titania surfaces en route to mineralization: a combined photocatalytic and radiation chemical study [J]. The Journal of Physical Chemistry, 1991 (95): 10080~10089.

[55] Goldstein S, Czapski G, Rabani J. Oxidation of phenol by radiolytically generated . bul. OH and chemically generated SO$_4$. bul. -. a distinction between . bul. OH transfer and hole oxidation in the photolysis of TiO$_2$ colloid solution [J]. The Journal of Physical Chemistry, 1994 (98): 6586~6591.

[56] Assabance A, Ichou Y A, Tahiri H, et al. Photocatalytic degradation of polycarboxylic benzoic acids in UV-irradiated aqueous suspensions of titania: Identification of intermediates and reaction pathway of the photomineralization of trimellitic acid (1, 2, 4-benzene tricarboxylic acid) [J]. Applied Catalysis B: Environmental, 2000 (24): 71~87.

[57] Jaeger C D, Bard A J. Spin trapping and electron spin resonance detection of radical intermediates in the photodecomposition of water at titanium dioxide particulate systems [J]. The Journal of Physical Chemistry, 1979 (82): 3146~3152.

[58] Bielski B H J, Arudi R L, Sutherland M W. A study of the reactivity of HO$_2$/O$_2^-$ with unsaturated fatty acids [J]. The Journal of Biological Chemistry, 1983 (258): 4759~4761.

[59] Tanaka K, Murata S, Harada K. Oxygen evolution by the photo-oxidation of water [J]. Solar Energy, 1985 (34): 303~308.

[60] Santoke H, Song W H, Cooper W J, et al. Free-radical-induced oxidative and reductive degradation of fluoroquinolone pharmaceuticals: Kinetic studies and degradation mechanism [J]. Journal of Physical Chemistry A, 2009 (113): 7846~7851.

[61] Minero C, Catozzo F, Pelizzetti E. Role of adsorption in photocatalyzed reactions of organic mol-

ecules in aqueous titania suspensions [J]. Langmuir, 1992 (8): 481~486.

[62] Friedmann D, Mendive C, Bahnemann D. TiO$_2$ for water treatment: Parameters affecting the kinetics and mechanisms of photocatalysis [J]. Applied Catalysis B: Environmental, 2010 (99): 398~406.

[63] 荆洁颖. 高活性水分散纳米二氧化钛制备、表征及光催化应用 [D]. 太原: 太原理工大学, 2012.

[64] Horikoshi S, Hidaka H. Photodegradation mechanism of heterocyclic two-nitrogen containing compounds in aqueous TiO$_2$ dispersions by computer simulation [J]. Journal of Photochemistry and Photobiology A: Chemistry, 2001 (141): 201~208.

[65] Irie H, Watanabe Y, Hashimoto K. Nitrogen-concentration dependence on photocatalytic activity of TiO$_{2-x}$N$_x$ powders [J]. The Journal of Physical Chemistry B, 2003 (107): 5483~5486.

[66] Mare M, Waldner G, Bauer R, et al. Degradation of nitrogen containing organic compounds by combined photocatalysis and ozonation [J]. Chemosphere, 1999 (38): 2013~2027.

[67] Waki K, Wang L, Nohara K, et al. Photocatalyzed mineralization of nitrogen-containing compounds at TiO$_2$/H$_2$O interfaces [J]. Journal of Molecular Catalysis A: Chemical, 1995 (95): 53~59.

[68] Waki K, Zhao J, Horikoshi S, et al. Photooxidation mechanism of nitrogen-containing compounds at TiO$_2$/H$_2$O interfaces: an experimental and theoretical examination of hydrazine derivatives [J]. Chemosphere, 2000 (41): 337~343.

[69] Khataee A R, Kasiri M B. Photocatalytic degradation of organic dyes in the presence of nanostructured titanium dioxide: Influence of the chemical structure of dyes [J]. Journal of Molecular Catalysis A: Chemical, 2010 (328): 8~26.

[70] Ou Y, Lin J D, Zou H M, et al. Effects of surface modification of TiO$_2$ with ascorbic acid on photocatalytic decolorization of an azo dye reactions and mechanisms [J]. Journal of Molecular Catalysis A: Chemical, 2005 (241): 59~64.

[71] Augugliaro V, Kisch H, Loddo V, et al. Photocatalytic oxidation of aromatic alcohols to aldehydes in aqueous suspension of home prepared titanium dioxide: 2 Intrinsic and surface features of catalysts [J]. Applied Catalysis A: General, 2008 (349): 189~197.

[72] Gassim F A Z G, Alkhateeb A N, Hussein F H. Photocatalytic oxidation of benzyl alcohol using pure and sensitized anatase [J]. Desalination, 2007 (209): 342~349.

[73] Hurum D C, Agrios A G, Gray K A. Explaining the enhanced photocatalytic activity of Degussa P25 mixed-Phase TiO$_2$ using EPR [J]. Journal of Physical Chemistry B, 2003 (107): 4545~4549.

[74] Hurum D C, Gray K A. Recombination Pathways in the Degussa P25 formulation of TiO$_2$: Surface versus lattice mechanisms [J]. Journal of Physical Chemistry B, 2005 (109): 977~980.

[75] Kitayama T, Sano Y, Matsumoto M, et al. Degradation of waste water from TNT manufacturing [J]. Science and Technology of Energetic Materials, 2006 (67): 62~67.

［76］ Liu H, Liang Y G, Hu H J, et al. Hydrothermal synthesis of mesostructured nanocrystalline TiO$_2$ in an ionic liquid-water mixture and its photocatalytic performance ［J］. Solid State Sciences, 2009 (11): 1655~1660.

［77］ Ohko Y, Ando I, Niwa C, et al. Degradation of bisphenol a in water by TiO$_2$ photocatalyst ［J］. Environmental Science and Technology, 2001 (35): 2365~2368.

［78］ Sasai R, Hotta Y J, Itoh H. Preparation of organoclay having titania nano-crystals in interlayer hydrophobic field and its characterization ［J］. Journal of the Ceramic Society of Japan, 2008 (116): 205~211.

［79］ Sclafani A, Herrmann J M. Comparison of the photoelectronic and photocatalytic activities of various anatase and rutile forms of titania in pure liquid organic phases and in aqueous solutions ［J］. Journal of Physical Chemistry, 1996 (100): 13655~13661.

［80］ Torres R A, Nieto J I, Combet E, et al. Influence of TiO$_2$ concentration on the synergistic effect between photocatalysis and high-frequency ultrasound for organic pollutant mineralization in water ［J］. Applied Catalysis B: Environmental, 2008 (80): 168~175.

［81］ Yan W, Chen B, Mahurin S M, et al. Preparation and comparison of supported gold nanocatalysts on anatase, brookite, rutile, and P25 polymorphs of TiO$_2$ for catalytic oxidation of CO ［J］. Journal of Physical Chemistry B, 2005 (109): 10676~10685.

［82］ Chen Y X, Wang K, Lou L P. Photodegradation of dye pollutants on silica gel supported TiO$_2$ particles under visible light irradiation ［J］. Journal of Photochemistry and Photobiology A: Chemistry, 2004 (163): 281~287.

［83］ Fujishima A, Rao T N, Tryk D A. Titanium dioxide photocatalysis ［J］. Journal of Photochemistry and Photobiology C: Photochemistry Reviews, 2000 (1): 1~21.

［84］ Karuppuchamy S, Suzuki N, Ito S, et al. A novel one-step electrochemical method to obtain crystalline titanium dioxide films at low temperature ［J］. Current Applied Physics, 2009 (9): 243~248.

［85］ Saadoun L, Ayllón J A, Jiménez-Becerril, et al. 1, 2-Diolates of titanium as suitable precursors for the preparation of photoactive high surface titania ［J］. Applied Catalysis B: Environmental, 1999 (21): 269~277.

［86］ Watson S S, Beydoun D, Scott J A, et al. The effect of preparation method on the photoactivity of crystalline titanium dioxide particles ［J］. Chemical Engineering Journal, 2003 (95): 213~220.

［87］ Wu X H, Ding X B, Qin W, et al. Enhanced photo-catalytic activity of TiO$_2$ films with doped La prepared by micro-plasma oxidation method ［J］. Journal of Hazardous Materials, 2006 (137): 192~197.

［88］ Almquist C B, Biswas P. Role of synthesis method and particle size of nanostructured TiO$_2$ on its photoactivity ［J］. Journal of Catalysis, 2002 (212): 145~156.

［89］ Chae S Y, Park M K, Lee S K, et al. Preparation of size-controlled TiO$_2$ nanoparticles and derivation of optically transparent photocatalytic films ［J］. Chemistry of Materials, 2003

(15): 3326~3331.

[90] Fernández-Ibáñez P, Malato S, Nieves F J d l. Relationship between TiO₂ particle size and reactor diameter in solar photoreactors efficiency [J]. Catalysis Today, 1999 (54): 195~204.

[91] Grieken R V, Aguado J, López-Muñoz M J, et al. Synthesis of size-controlled silica-supported TiO₂ photocatalysts [J]. Journal of Photochemistry and Photobiology A: Chemistry, 2002 (148): 315~322.

[92] Kočí K, Obalová L, Matĕjová L, et al. Effect of TiO₂ particle size on the photocatalytic reduction of CO₂ [J]. Applied Catalysis B: Environmental, 2009 (89): 494~502.

[93] Lin H, Huang C P, Li W, et al. Size dependency of nanocrystalline TiO₂ on its optical property and photocatalytic reactivity exemplified by 2-chlorophenol [J]. Applied Catalysis B: Environmental, 2006 (68): 1~11.

[94] Liu S, Jaffrezic N, Guillard C. Size effects in liquid-phase photo-oxidation of phenol using nanometer-sized TiO₂ catalysts [J]. Applied Surface Science, 2008 (255): 2704~2709.

[95] Maira A J, Yeung K L, Lee C Y, et al. Size effects in gas-phase photo-oxidation of trichloroethylene using nanometer-sized TiO₂ catalysts [J]. Journal of Catalysis, 2000 (192): 185~196.

[96] Gerischer H. Photocatalysis in aqueous solution with small TiO₂ particles and the dependence of the quantum yield on particle size and light intensity [J]. Electrochimica Acta, 1995 (40): 1277~1281.

[97] Grela M A, Colussi A J. Kinetics of stochastic charge transfer and recombination events in semiconductor colloids. Relevance to photocatalysis efficiency [J]. The Journal of Physical Chemistry, 1996 (100): 18214~18221.

[98] Low G K C, McEvoy S R, Matthews R W. Formation of nitrate and ammonium ions in titanium dioxide mediated photocatalytic degradation of organic compounds containing nitrogen atoms [J]. Environmental Science and Technology, 1991 (25): 460~467.

[99] Nohara K, Hidaka H, Pelizzetti E, et al. Dependence on chemical-structure of the production of NH₄⁺ and/or NO₃⁻ ions during the photocatalyzed oxidation of nitrogen-containing substances at the titania water interface [J]. Catalysis Letters, 1996 (36): 115~118.

[100] Pelizzetti E, Minero C, Piccinini P, et al. Phototransformations of nitrogen containing organic compounds over irradiated semiconductor metal oxides: Nitrobenzene and Atrazine over TiO₂ and ZnO [J]. Coordination Chemistry Reviews, 1993 (125): 183~193.

[101] Nohara K, Hidaka H, Pelizzetti E, et al. Processes of formation of NH₄⁺ and NO₃⁻ ions during the photocatalyzed oxidation of N-containing compounds at the titania/water interface [J]. Journal of Photochemistry and Photobiology A: Chemistry, 1997 (102): 265~272.

[102] Maurino V, Minero C, Pelizzetti E, et al. The fate of organic nitrogen under photocatalytic conditions: degradation of nitrophenols and aminophenols on irradiated TiO₂ [J]. Journal of Photochemistry and Photobiology A: Chemistry, 1997 (109): 171~176.

[103] Minero C, Pelizzetti E, Piccinini P, et al. Photocatalyzed transformation of nitrobenzene on

TiO$_2$ and ZnO [J]. Chemosphere, 1994 (28): 1229~1244.

[104] Palmisano G, Addamo M, Augugliaro V, et al. Selectivity of hydroxyl radical in the partial oxidation of aromatic compounds in heterogeneous photocatalysis [J]. Catalysis Today, 2007 (122): 118~127.

[105] Pelizzetti E, Minero C. Mechanism of the photo-oxidative degradation of organic pollutants over TiO$_2$ particles [J]. Electrochimica Acta, 1993 (38): 47~55.

[106] Piccinini P, Minero C, Vincenti M, et al. Photocatalytic mineralization of nitrogen-containing benzene derivatives [J]. Catalysis Today, 1997 (39): 187~195.

[107] D' Oliveira J C, Guillarda C, Maillard C, et al. Photocatalytic destruction of hazardous chlorine- or nitrogen-containing aromatics in water [J]. Journal of Environmental Science and Health, Part A : Toxic/Hazardous Substances & Environmental Engineering, 1993 (28): 941~962.

[108] Park H, Choi W. Photocatalytic conversion of benzene to phenol using modified TiO$_2$ and poly-oxometalates [J]. Catalysis Today, 2005 (101): 291~297.

[109] Lhomme L, Brosillon S, Wolbert D, et al. Photocatalytic degradation of a phenylurea, chlortoluron, in water using an industrial titanium dioxide coated media [J]. Applied Catalysis B: Environmental, 2005 (61): 227~235.

[110] Ahmed S, Rasul M G, Brown R, et al. Influence of parameters on the heterogeneous photocatalytic degradation of pesticides and phenolic contaminants in wastewater: A short review [J]. Journal of Environmental Management, 2011 (92): 311~330.

[111] Ahmed S, Rasul M G, Martens W N, et al. Advances in heterogeneous photocatalytic degradation of phenols and dyes in wastewater: A review water [J]. Air & Soil pollution, 2011 (215): 3~29.

[112] Marugán J, Grieken R V, Cassano A E, et al. Intrinsic kinetic modeling with explicit radiation absorption effects of the photocatalytic oxidation of cyanide with TiO$_2$ and silica-supported TiO$_2$ suspensions [J]. Applied Catalysis B: Environmental, 2008 (85): 48~60.

[113] Orozco S L, Arancibia-Bulnes C A, Suárez-Parra R. Radiation absorption and degradation of an azo dye in a hybrid photocatalytic reactor [J]. Chemical Engineering Science, 2009 (64): 2173~2185.

[114] Pareek V, Chong S, Tadé M, et al. Light intensity distribution in heterogenous photocatalytic reactors [J]. Asia-Pacific Journal of Chemical Engineering, 2008 (3): 171~201.

[115] Venkatachalam N, Palanichamy M, Murugesan V. Sol-gel preparation and characterization of alkaline earth metal doped nano TiO$_2$: Efficient photocatalytic degradation of 4-chlorophenol [J]. Journal of Molecular Catalysis A: Chemical, 2007 (273): 177~185.

[116] Alfano O M, Bahnemann D, Cassano A E, et al. Photocatalysis in water environments using artificial and solar light [J]. Catalysis Today, 2000 (58): 199~230.

[117] Chiou C H, Wu C Y, Juang R S. Photocatalytic degradation of phenol and m-nitrophenol using irradiated TiO$_2$ in aqueous solutions [J]. Separation and Purification Technology, 2008

（62）：559~564.

[118] Kaneco S, Rahman M A, Suzuki T, et al. Optimization of solar photocatalytic degradation conditions of bisphenol A in water using titanium dioxide [J]. Journal of Photochemistry and Photobiology A: Chemistry, 2004 (163): 419~424.

[119] Puma G L, Yue P L. Effect of the radiation wavelength on the rate of photocatalytic oxidation of organic pollutants [J]. Industrial & Engineering Chemistry Research, 2002 (41): 5594~5600.

[120] Stylidi M, Kondarides D I, Verykios X E. Visible light-induced photocatalytic degradation of Acid Orange 7 in aqueous TiO_2 suspensions [J]. Applied Catalysis B: Environmental, 2004 (47): 189~201.

[121] Tariq M A, Faisal M, Muneer M, et al. Photochemical reactions of a few selected pesticide derivatives and other priority organic pollutants in aqueous suspensions of titanium dioxide [J]. Journal of Molecular Catalysis A: Chemical, 2007 (265): 231~236.

[122] Chiou C H, Juang R S. Photocatalytic degradation of phenol in aqueous solutions by Pr-doped TiO_2 nanoparticles [J]. Journal of Hazardous Materials, 2007 (149): 1~7.

[123] Evgenidou E, Bizani E, Christophoridis C, et al. Heterogeneous photocatalytic degradation of prometryn in aqueous solutions under UV-Vis irradiation [J]. Chemosphere, 2007 (68): 1877~1882.

[124] Rao R N, Venkateswarlu N. The photocatalytic degradation of amino and nitro substituted stilbenesulfonic acids by TiO_2/UV and $Fe^{2+}/H_2O_2/UV$ under aqueous conditions [J]. Dyes and Pigments, 2008 (77): 590~597.

[125] Bhatkhande D S, Kamble S P, Sawant S B, et al. Photocatalytic and photochemical degradation of nitrobenzene using artificial ultraviolet light [J]. Chemical Engineering Journal, 2004 (102): 283~290.

[126] Gautam S, Kamble S P, Sawant S B, et al. Photocatalytic degradation of 4-nitroaniline using solar and artificial UV radiation [J]. Chemical Engineering Journal, 2005 (110): 129-137.

[127] San N, Hatipolu A, Koctürk G, et al. Photocatalytic degradation of 4-nitrophenol in aqueous TiO_2 suspensions: Theoretical prediction of the intermediates [J]. Journal of Photochemistry and Photobiology A: Chemistry, 2002 (146): 189~197.

[128] Silva C G, Faria J L. Effect of key operational parameters on the photocatalytic oxidation of phenol by nanocrystalline sol-gel TiO_2 under UV irradiation [J]. Journal of Molecular Catalysis A: Chemical, 2009 (305): 147~154.

[129] Henderson M A. A surface science perspective on TiO_2 photocatalysis [J]. Surface Science Reports, 2011 (66): 185~297.

[130] Gupta S M, Tripathi M. A review of TiO_2 nanoparticles [J]. Chinese Science Bulletin, 2011 (56): 1639~1657.

[131] Macwan D P, Dave P N, Chaturvedi S. A review on nano-TiO_2 sol-gel type syntheses and its applications [J]. Journal of Materials Science, 2011 (46): 3669~3686.

［132］ Jiang H, Cuan Q, Wen C, et al. Anatase TiO$_2$ crystals with exposed high-index facets ［J］. Angewandte Chemie International Edition, 2011 （50）: 3764~3768.

［133］ Pan X, Ma X. Study on the milling-induced transformation in TiO$_2$ powder with different grain sizes ［J］. Materials Letters, 2004 （58）: 513~515.

［134］ 盖国胜. 超微粉体技术 ［M］. 北京: 化学工业出版社, 2004.

［135］ 高濂, 郑珊, 张青红. 纳米氧化钛光催化材料及应用 ［M］. 北京: 化学工业出版社, 2002.

［136］ Burda C, Chen X B, Narayanan R, et al. Chemistry and properties of nanocrystals of different shapes ［J］. Chemical Reviews, 2005 （105）: 1025~1102.

［137］ Konstantinou I K, Albanis T A. TiO$_2$-assisted photocatalytic degradation of azo dyes in aqueous solution: Kinetic and mechanistic investigations: A review ［J］. Applied Catalysis B: Environmental, 2004 （49）: 1~14.

［138］ Gogate P R, Pandit A B. A review of imperative technologies for wastewater treatment I: oxidation technologies at ambient conditions ［J］. Advances in Environmental Research, 2004 （8）: 501~551.

［139］ 李春燕, 李懋强. TiO$_2$的溶胶凝胶过程研究 ［J］. 硅酸盐学报, 1996 （24）: 338~341.

［140］ 胡安正, 唐超群. Sol-Gel 法制备纳米 TiO$_2$的原料配比和胶凝过程机理探研 ［J］. 功能材料, 2002 （33）: 394~397.

［141］ 谷科成, 胡相红, 陈逸, 等. Sol-gel 法制备纳米 TiO$_2$凝胶过程的控制 ［J］. 后勤工程学院学报, 2009 （26）: 66~70.

［142］ 赵力, 蒋慧, 姚红, 等. 纳米光催化剂 TiO$_2$制备过程中的影响因素分析 ［J］. 辽宁化工, 2008 （37）: 85~88.

［143］ 董祥. 纯钛水热法制备低维纳米结构 TiO$_2$及其光电化学性能研究 ［D］. 南京: 南京航空航天大学, 2009.

［144］ 杨晓华. （001）晶面主导的锐钛型二氧化钛单晶的制备、稳定性和应用研究 ［D］. 上海: 华东理工大学, 2011.

［145］ Tian H, Ma J F, Li K, et al. Hydrothermal synthesis of S-doped TiO$_2$ nanoparticles and their photocatalytic ability for degradation of methyl orange ［J］. Ceramics International, 2009 （35）: 1289~1292.

［146］ Pavasupree S, Jitputti J, Ngamsinlapasathian S, et al. Hydrothermal synthesis, characterization, photocatalytic activity and dye-sensitized solar cell performance of mesoporous anatase TiO$_2$ nanopowders ［J］. Materials Research Bulletin, 2008 （43）: 149~157.

［147］ 张雄飞. 纳米二氧化钛复合粉体的电化学合成 ［D］. 昆明: 昆明理工大学, 2003.

［148］ 李雪冰. 纳米二氧化钛及其复合物的制备和性质研究 ［D］. 合肥: 中国科学技术大学, 2007.

［149］ Shen X, Zhang J, Tian B. Microemulsion-mediated solvothermal synthesis and photocatalytic properties of crystalline titania with controllable phases of anatase and rutile ［J］. Journal of Hazardous Materials, 2011 （192）: 651~657.

［150］咸才军. 纳米建材［M］. 北京：化学工业出版社，2003.

［151］张青红，高濂，郭景坤. 四氯化钛水解法制备纳米氧化钛超细粉体［J］. 无机材料学报，2000（15）：21~25.

［152］Hufschmidt D, Bahnemanna D, Testa J J, et al. Enhancement of the photocatalytic activity of various TiO₂ materials by platinisation［J］. Journal of Photochemistry and Photobiology A：Chemistry, 2002（148）：223~231.

［153］Li C H, Hsieh Y H, Chiu W T, et al. Study on preparation and photocatalytic performance of Ag/TiO₂ and Pt/TiO₂ photocatalysts［J］. Separation and Purification Technology, 2007（58）：148~151.

［154］Reddy E P, Sun B, Smirniotis P G. Transition metal modified TiO₂-loaded MCM-41 catalysts for visible- and UV-light driven photodegradation of aqueous organic pollutants［J］. The Journal of Physical Chemistry B, 2004（108）：17198~17205.

［155］高濂，孙静，刘阳桥. 纳米粉体的分散及表面改性［M］. 北京：化学工业出版社，2003.

［156］贾晓林，谭伟. 纳米粉体分散技术发展概况［J］. 非金属矿，2003（26）：1~4.

［157］张文成，王建荣，师瑞霞. 纳米粉体分散技术的研究进展［J］. 现代商贸工业，2009：284~286.

［158］Zhang Z, Zhong X, Liu S, et al. Aminolysis route to monodisperse titania nanorods with tunable aspect ratio［J］. Angewandte Chemie, 2005（117）：3532~3536.

［159］Ohya T, Nakayama A, Ban T, et al. Synthesis and characterization of halogen-free, transparent, aqueous colloidal titanate solutions from titanium alkoxide［J］. Chemistry of Materials, 2002（14）：3082~3089.

［160］Yan X, Pan D, Li Z, et al. Controllable synthesis and photocatalytic activities of water-soluble TiO₂ nanoparticles［J］. Materials Letters, 2010（64）：1833~1835.

［161］Jing J, Li W, Boyd A, et al. Photocatalytic degradation of quinoline in aqueous TiO₂ suspension［J］. Journal of Hazardous Materials, 2012（237~238）：247~255.

［162］荆洁颖，冯杰，李文英. 纳米二氧化钛光催化降解喹啉动力学［J］. 燃料化学学报，2012（40）：380~384.

［163］Roessler S, Zimmermann R, Scharnweber D, et al. Characterization of oxide layers on Ti₆Al₄V and titanium by streaming potential and streaming current measurements［J］. Colloids and Surfaces B：Biointerfaces, 2002（26）：387~395.

［164］Watson S, Scott J, Beydoun D, et al. Studies on the preparation of magnetic photocatalysts［J］. Journal of Nanoparticle Research, 2005（7）：691~705.

［165］Gad-Allah T A, Kato S, Satokawa S, et al. Treatment of synthetic dyes wastewater utilizing a magnetically separable photocatalyst（TiO₂/SiO₂/Fe₃O₄）：Parametric and kinetic studies［J］. Desalination, 2009（244）：1~11.

［166］Thompson T L, John J, Yates JTJ. Surface science studies of the photoactivation of TiO₂&new photochemical processes［J］. Chemical Reviews, 2006（106）：4428~4453.

[167] Watson S, Beydoun D, Scott J, et al. Preparation of nanosized crystalline TiO$_2$ particles at low temperature for photocatalysis [J]. Journal of Nanoparticle Research, 2004 (6): 193~207.

[168] Li H, Zhao G, Chen Z, et al. TiO$_2$-Ag nanocomposites by low-temperature Sol-Gel processing [J]. Journal of the American Ceramic Society, 2010 (93): 445~449.

[169] Liu A R, Wang S M, Zhao Y R, et al. Low-temperature preparation of nanocrystalline TiO$_2$ photocatalyst with a very large specific surface area [J]. Materials Chemistry and Physics, 2006 (99): 131~134.

[170] Derjaguin B V, Landau L. Theory of the stability of strongly charged lyophobic sols and the adhesion of strongly charged particles in solutions of electrolytes [J]. Acta Physicochim. USSR, 1941 (14): 633~662.

[171] Verwey E J W, Overbeek J T G. Theory of the stability of lyophobic colloids [M]. New York: Elsevier Pub. Co., 1948.

[172] Jing J, Feng J, Li W, et al. Low-temperature synthesis of water-dispersible anatase titanium dioxide nanoparticles for photocatalysis [J]. Journal of Colloid and Interface Science, 2013 (396): 90~94.

[173] Samuneva B, Kozhukharov V, Trapalis C, et al. Sol-gel processing of titanium-containing thin coatings [J]. Journal of Materials Science, 1993 (28): 2353~2360.

[174] Xu J J, Ao Y H, Fu D G, et al. Synthesis of fluorine-doped titania-coated activated carbon under low temperature with high photocatalytic activity under visible light [J]. Journal of Physics and Chemistry of Solids, 2008 (69): 2366~2370.

[175] Chen Z, Zhao G, Li H, et al. Effects of water amount and pH on the crystal behavior of a TiO$_2$ nanocrystalline derived from a Sol-Gel process at a low temperature [J]. Journal of the American Ceramic Society, 2009 (92): 1024~1029.

[176] Gopal M, Chan W J M, Jonghe L C D. Room temperature synthesis of crystalline metal oxides [J]. Journal of Materials Science, 1997 (32): 6001~6008.

[177] Zheng Y, Shi E, Chen Z, et al. Influence of solution concentration on the hydrothermal preparation of titania crystallites [J]. Journal of Materials Chemistry, 2001 (11): 1547~1551.

[178] Yamazaki S, Matsunaga S, Hori K. Photocatalytic degradation of trichloroethylene in water using TiO$_2$ pellets [J]. Water Research, 2001 (35): 1022~1028.

[179] Jing J, Zhang Y, Liang J, et al. One-step reverse precipitation synthesis of water-dispersible superparamagnetic magnetite nanoparticles [J]. Journal of Nanoparticle Research, 2012 (14): 827~834.

[180] Yu W W, Peng X G. Formation of high-quality CdS and other II-VI semiconductor nanocrystals in noncoordinating solvents: Tunable reactivity of monomers [J]. Angewandte Chemie International Edition, 2002 (41): 2368~2371.

[181] Yu S, Chow G M. Carboxyl group (—CO2H) functionalized ferrimagnetic iron oxide nanoparticles for potential bio-applications [J]. Journal of Materials Chemistry, 2004 (14):

2781~2786.

[182] Ge J, Hu Y, Biasini M, et al. Superparamagnetic magnetite colloidal nanocrystal clusters [J]. Angewandte Chemie International Edition, 2007 (46): 4342~4345.

[183] Yoon K Y, Kotsmar C, Ingram D R, et al. stabilization of superparamagnetic iron oxide nanoclusters in concentrated brine with cross-linked polymer shells [J]. Langmuir, 2011 (27): 10962~10969.

[184] Yao K F, Peng Z, Liao Z H, et al. Preparation and photocatalytic property of TiO_2-Fe_3O_4 core-shell nanoparticles [J]. Journal of Nanoscience and Nanotechnology, 2009 (9): 1458~1461 (1454).

[185] Wei X, Wei Z, Zhang L, et al. Highly water-soluble nanocrystal powders of magnetite and maghemite coated with gluconic acid: Preparation, structure characterization, and surface coordination [J]. Journal of Colloid and Interface Science, 2011 (354): 76~81.

[186] Sugimoto T, Matijevi E. Formation of uniform spherical magnetite particles by crystallization from ferrous hydroxide gels [J]. Journal of Colloid and Interface Science, 1980 (74): 227~243.

[187] Cheng C, Wen Y, Xu X, et al. Tunable synthesis of carboxyl-functionalized magnetite nanocrystal clusters with uniform size [J]. Journal of Materials Chemistry, 2009 (19): 8782~8788.

[188] Yu W W, Wang Y A, Peng X. Formation and stability of size-, shape-, and structure-controlled CdTe nanocrystals: ligand effects. on monomers and nanocrystals [J]. chemistry of Materials, 2003 (15): 4300~4308.

[189] Sauer T, Neto G C, José H J, et al. Kinetics of photocatalytic degradation of reactive dyes in a TiO2 slurry reactor [J]. Journal of Photochemistry and Photobiology A: Chemistry, 2002 (149): 147~154.

[190] Beltrán F J, Rivas F J, Montero-de-Espinosa R. Catalytic ozonation of oxalic acid in an aqueous TiO2 slurry reactor [J]. Applied Catalysis B: Environmental, 2002 (39): 221~231.

[191] Marugán J, Grieken R V, Cassano A E, et al. Scaling-up of slurry reactors for the photocatalytic oxidation of cyanide with TiO2 and silica-supported TiO2 suspensions [J]. Catalysis Today, 2009 (144): 87~93.

[192] 张曙光. 干式颗粒负载法制备磁性光催化剂的研究 [D]. 天津：天津大学, 2005.

[193] 徐更生. 负载型纳米 TiO_2 催化剂的制备及其在难降解有机废水处理中的应用研究 [D]. 杭州：浙江大学, 2004.

[194] 夏淑梅. 磁性颗粒负载纳米 TiO_2 光催化剂的制备及性能研究 [D]. 哈尔滨：哈尔滨工程大学, 2009.

[195] 吴自清. 磁性 $TiO_2/SiO_2/Fe_3O_4$ 光催化剂的制备及其对溴氨酸光催化氧化研究 [D]. 武汉：华中科技大学, 2006.

[196] 王侃. 负载型 TiO_2 催化剂可见光降解染料污染物的研究 [D]. 杭州：浙江大学, 2004.

[197] 刘爱丽, 纳米磁性高分子微球的合成及用于 DNA 电化学生物传感器的研究 [D]. 杭

州：浙江大学，2005.

[198] 姜炜. 纳米磁性粒子和磁性复合粒子的制备及其应用 [D]. 南京：南京理工大学，2005.

[199] Álvarez P M, Jaramillo J, López-Piñero F, et al. Preparation and characterization of magnetic TiO_2 nanoparticles and their utilization for the degradation of emerging pollutants in water [J]. Applied Catalysis B：Environmental, 2010 (100)：338~345.

[200] Li H, Zhang Y, Wang S, et al. Study on nanomagnets supported TiO_2 photocatalysts prepared by a sol-gel process in reverse microemulsion combining with solvent-thermal technique [J]. Journal of Hazardous Materials, 2009 (169)：1045~1053.

[201] Xu S H, ShangguanW F, Jian Y, et al. Preparations and photocatalytic properties of magnetically separable nitrogen-doped TiO_2 supported on nickel ferrite [J]. Applied Catalysis B：Environmental, 2007 (71)：177~184.

[202] Hu X, Yang J. Zhang J. Magnetic loading of $TiO_2/SiO_2/Fe_3O_4$ nanoparticles on electrode surface for photoelectrocatalytic degradation of diclofenac [J]. Journal of Hazardous Materials, 2011 (196)：220~227.

[203] Li Y X, Mei Z, Min G, et al. Preparation and properties of a nano TiO_2/Fe_3O_4 composite superparamagnetic photocatalyst [J]. Rare Metals, 2009 (28)：423~427.

[204] Beydoun D, Amal R. Novel Photocatalyst：Titania-coated magnetite, activity and photodissolution [J]. The Journal of Physical Chemistry, 2000 (104)：4387~4396.

[205] Watson S, Beydoun D, Amal R. Synthesis of a novel magnetic photocatalyst by direct deposition of nanosized TiO_2 crystals onto a magnetic core [J]. Journal of Photochemistry and Photobiology A：Chemistry, 2002 (148)：303~313.

[206] Gao Y, Chen B H, Li H L, et al. Preparation and characterization of a magnetically separated photocatalyst and its catalytic properties [J]. Materials Chemistry and Physics, 2003 (80)：348~355.

[207] Chen F, Xie Y D, Zhao J C, et al. Photocatalytic degradation of dyes on a magnetically separated photocatalyst under visible and UV irradiation [J]. Chemosphere, 2001 (44)：1159~1168.

[208] 尹晓红，辛峰，张凤宝，等. 含磁性 γ-Fe_2O_3 核的 TiO_2/Al_2O_3 催化剂的制备及光催化性能 [J]. 精细化工，2006 (23)：58~61.

[209] 李鸿，朱宝林，郑修成，等. 包覆型磁性二氧化钛的制备及其光催化性能的研究 [J]. 分子催化，2006 (20)：429~434.

[210] Jing J, Li J, Feng J, et al. Photodegradation of quinoline in water over magnetically separable Fe_3O_4/TiO_2 composite photocatalysts [J]. Chemical Engineering Journal, 2013 (219)：355~360.

[211] Tung W S, Daoud W A. New approach toward nanosized ferrous ferric oxide and Fe_3O_4-doped titanium dioxide photocatalysts [J]. ACS applied materials & interfaces, 2009 (1)：2453~2461.

[212] Ihara T, Miyoshi M, Ando M, et al. Preparation of a visible-light-active TiO$_2$ photocatalyst by RF plasma treatment [J]. Journal of Materials Science, 2001 (36): 4201~4207.

[213] Jang J S, Li W, Oh S H, et al. Fabrication of CdS/TiO$_2$ nano-bulk composite photocatalysts for hydrogen production from aqueous H$_2$S solution under visible light [J]. Chemical Physics Letters, 2006 (425): 278~282.

[214] Liu L, Ryu S, Tomasik M R, et al. Graphene oxidation: Thickness-dependent etching and strong chemical doping [J]. Nano Letters, 2008 (8): 1965~1970.

[215] Boukhvalov D W, Katsnelson M I. Modeling of graphite oxide [J]. Journal of the American Chemical Society, 2008 (130): 10697~10701.

[216] Gilje S, Han S, Wang M, et al. A Chemical route to graphene for device applications [J]. Nano Letters, 2007 (7): 3394~3398.

[217] Tang Y B, Lee C S, Xu J, et al. Incorporation of graphenes in nanostructured TiO$_2$ films via molecular grafting for dye-sensitized solar cell application [J]. ACS Nano, 2010 (4): 3482~3488.

[218] Zhang H, Lv X, Li Y, et al. P25-graphene composite as a high performance photocatalyst [J]. ACS Nano, 2010 (4): 380~386.

[219] Peng W, Wang Z, Yoshizawa N, et al. Fabrication and characterization of mesoporous carbon nanosheets-1D TiO$_2$ nanostructures [J]. Journal of Materials Chemistry, 2010 (20): 2424~2431.

[220] Jing J, Zhang Y, Li W, et al. Visible light driven photodegradation of quinoline over TiO$_2$/graphene oxide nanocomposites [J]. Journal of Catalysis, 2014 (316): 174~181.

[221] Marcano D C, Kosynkin D V, Berlin J M, et al. Improved synthesis of graphene oxide [J]. ACS Nano, 2010 (4): 4806~4814.

[222] Ohno T, Sarukawa K, Tokieda K, et al. Morphology of a TiO$_2$ photocatalyst (Degussa, P-25) consisting of anatase and rutile crystalline phases [J]. Journal of Catalysis, 2001 (203): 82~86.